普通高等教育机械设计制造及其自动化系列教材

数控编程与加工技术

韩　军　常瑞丽　主　编

北京理工大学出版社
BEIJING INSTITUTE OF TECHNOLOGY PRESS

内 容 简 介

本书从企业对编程人员的实际需求出发，不仅强调数控编程基础的学习，还重视编程技术的全面性。书中的实例从简单零件加工过渡到复杂零件加工，每一个实例都通过仿真加工系统实验验证；突出实用性，取材新颖，图文结合，概念清楚准确，叙述层次分明，插图清晰易懂，汇集了许多编程技术和经验。

本书共分为 7 章：第 1 章数控编程基础、第 2 章基本指令、第 3 章数控车削编程与加工、第 4章数控铣削编程与加工、第 5 章宏程序编程、第 6 章自动编程、第 7 章仿真加工技术。

本书适合作为高等院校机械设计制造及其自动化、机械电子工程、模具设计与制造、机电一体化、计算机辅助设计与制造及相关专业教学用书，也可以作为相关工程技术人员用书、企业培训用书等。

图书在版编目 (CIP) 数据

数控编程与加工技术 / 韩军，常瑞丽主编. --北京：
北京理工大学出版社，2022.5(2022.6 重印)
ISBN 978-7-5763-1307-9

Ⅰ. ①数… Ⅱ. ①韩… ②常… Ⅲ. ①数控机床-程序设计 ②数控机床-加工 Ⅳ. ①TG659

中国版本图书馆 CIP 数据核字(2022)第 072654 号

出版发行 / 北京理工大学出版社有限责任公司
社　　址 / 北京市海淀区中关村南大街 5 号
邮　　编 / 100081
电　　话 / (010)68914775(总编室)
　　　　　(010)82562903(教材售后服务热线)
　　　　　(010)68944723(其他图书服务热线)
网　　址 / http://www.bitpress.com.cn
经　　销 / 全国各地新华书店
印　　刷 / 北京广达印刷有限公司
开　　本 / 787 毫米×1092 毫米　1/16
印　　张 / 13.5
字　　数 / 317 千字
版　　次 / 2022 年 5 月第 1 版　2022 年 6 月第 2 次印刷
定　　价 / 39.80 元

责任编辑 / 江　立
文案编辑 / 李　硕
责任校对 / 刘亚男
责任印制 / 李志强

前　言

　　本书以数控编程和加工技术为主线，旨在培养学生数控编程基础知识，提高其编程能力及编程技术的全面性。从结构体系上讲，本书包括数控编程基础(第 1 章、第 2 章)、手工编程(第 3 章、第 4 章)、宏程序编程(第 5 章)、自动编程(第 6 章)及仿真加工技术(第 7 章)。

　　数控编程基础(第 1 章、第 2 章)主要讲解数控编程的基础知识及常用编程指令的使用方法和注意事项。每一条编程指令都通过实例进行讲解，图文并茂。

　　手工编程(第 3 章、第 4 章)则是在编程基础的学习之后，教学生如何分析零件图、制作加工工艺文件、手写程序。每一道例题都从工厂企业实际加工出发，考虑粗加工、半精加工、精加工。

　　宏程序编程(第 5 章)主要以仅依靠 G 代码无法实现编程的非圆曲线曲面为对象，讲解宏程序编程的编程方法。选择的实例均来自企业的实际项目。

　　自动编程(第 6 章)主要向学生讲解工艺、形面复杂零件的编程，该类零件无法依靠手工编程完成，而必须借助于自动编程技术。

　　仿真加工技术(第 7 章)用于验证手工编程或自动编程所得程序是否正确，并从机床安全角度考虑，向学生讲解仿真加工系统的构建。

　　全书每一道例题及练习题均配有仿真加工视频，向学生展示加工过程的完整情况，帮助学生理解程序的内容；每一章开头均有章前导读，帮助学生快速了解本章主要内容；每一道例题均从实际加工出发，考虑到粗加工、半精加工、精加工。

　　本书由内蒙古科技大学韩军、常瑞丽主编，其中第 3 章、第 4 章、第 5 章、第 6 章、第 7 章由韩军编写完成；第 1 章、第 2 章由常瑞丽编写完成。编写过程中，编者得到了熊凤生、李贞杰、姚晟、曹龙凯等研究生的大力支持与帮助，并参考了大量国内外书籍、期刊及资料，在此一并表示感谢。

　　由于作者水平有限，书中难免存在疏漏和不妥之处，敬请广大读者批评指正。

编　者

2022 年 1 月

目 录

第1章
数控编程基础

章前导学 ▶▶ ▶

通过本章的学习，学生应掌握数控编程的基础内容。

本章主要内容
- 数控编程流程及方法
  - 数控编程流程
  - 数控编程方法
    - 手工编程
    - 自动编程
- 坐标系统
  - 机床坐标系
  - 编程坐标系
  - 工件坐标系
- 数控编程程序及程序段格式
  - 数控编程程序格式
  - 数控编程程序段格式
- 主要功能指令
  - 准备功能指令
  - 辅助功能指令
  - 主轴功能指令
  - 刀具功能指令
  - 进给功能指令
- 数控加工主要内容
  - 零件图分析
  - 加工工艺分析
  - 数控加工程序单编制

1.1　数控编程流程及方法

数控编程是将零件加工的工艺顺序、运动轨迹与方向、工艺参数(如主轴转速、进给量、背吃刀量等)以及辅助动作(如换刀、变速、切削液开关等)，按动作顺序，用数控机床的数控装置所规定的代码和程序格式，编制成加工程序，再将程序输送给数控装置，从而控制数控机床自动加工的过程。

1.1.1 数控编程流程

一般来讲，数控编程流程的主要内容包括：分析零件结构尺寸及精度要求、数控加工工艺分析及制订、数值计算、编制数控程序、仿真加工、数控程序输入数控机床、程序校验与试切等。数控编程流程如图1-1所示。

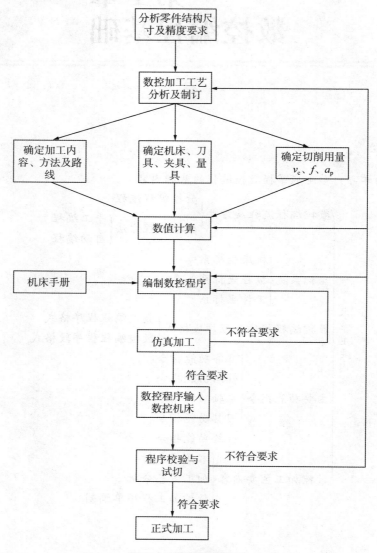

图1-1 数控编程流程

1. 分析零件结构尺寸及精度要求

首先要分析零件的材料、形状、尺寸、精度、批量、毛坯形状和热处理要求等，以便确定该零件是否适合在数控机床上加工，或适合在哪种数控机床上加工。同时，要明确加工的内容和要求，如哪些面需要加工，哪些面不需要加工。

2. 数控加工工艺分析及制订

在分析零件的基础上，进行工艺分析，确定零件的加工方法(如采用的工装夹具、装夹定位方法)、加工路线(如对刀点、换刀点、进给路线)及切削用量(如主轴转速、进给速度和背吃刀量)等工艺参数。数控加工工艺分析与制订是数控编程的前提和依据，而数控编程就是将数控加工工艺内容程序化的过程。制订数控加工工艺时，要合理地选择加工方案，确定加工顺序、加工路线、装夹方式、刀具及切削参数等；同时，还要考虑所用数控机床的指令功能，充分发挥机床的效能；尽量缩短加工路线，正确地选择对刀点、换刀点，减少换刀次数，并使数值计算方便；合理选取起刀点、切入点和切入方式，保证切入过程平稳；避免刀具与非加工面的干涉，保证加工过程安全可靠等。

3. 数值计算

根据零件图上的几何尺寸、确定的工艺路线及设定的坐标系，计算零件粗、精加工运动的轨迹，得到刀位数据。对于形状比较简单的零件(如由直线和圆弧组成的零件)的轮廓加工，要计算出几何元素的起点、终点、圆弧的圆心、两几何元素的交点或切点的坐标值，这种数值计算因计算量小通常由人工完成。对于形状比较复杂的零件(如由非圆曲线、曲面组成的零件)，需要用直线段或圆弧段逼近，根据加工精度的要求计算出节点坐标值，这种数值计算一般要用计算机来完成。

4. 编制数控程序

根据加工路线、切削用量、刀具号码、刀具补偿量、机床辅助动作及刀具运动轨迹，按照数控系统使用的指令代码和程序段的格式编写零件加工的程序单。

5. 仿真加工

程序编写完成后正式投入使用前，一般要进行仿真加工，数控仿真加工包括几何仿真与物理仿真。几何仿真用于检验数控加工程序是否有过切或欠切，可用几何图形、图像或动画的方式显示加工过程，从而检验零件的最终几何形状是否符合要求，同时也可以检查数控加工过程中刀具、刀柄等与工件、夹具等是否存在碰撞干涉。物理仿真通过仿真切削过程中的力、温度等物理量，可以对加工过程中的受力状态、热力耦合、残余应力、刀具磨损等进行分析，从而为加工过程控制、切削参数优化等提供参考，并可以对加工后的工件变形与质量进行分析。

6. 数控程序输入数控机床

把编制好的程序单上的内容记录在控制介质上，通过手工输入或通信传输送入数控机床。简单程序可直接通过键盘输入，但务必保证输入的正确性。

7. 程序校验与试切

经过仿真加工后的数控程序输入数控机床后，必须经过校验和试切才能正式使用。校验的方法是直接将控制介质上的内容输入数控系统中，让机床空运行，以检查机床的运动轨迹是否正确。在有 CRT 图形显示的数控机床上，用模拟刀具与工件切削过程的方法进行检验更为方便，但这些方法只能检验运动轨迹是否正确，不能检验被加工零件的加工精度。因此，必须要首件试切，当发现首件加工精度不符合要求时，分析误差产生的原因，找出问题所在，并加以修正，直至试切达到零件图纸加工精度的要求为止。

1.1.2 数控编程方法

数控编程方法一般分为手工编程和自动编程两种。

1. 手工编程

手工编程流程如图 1-2 所示。手工编程从分析零件图样、确定加工工艺过程、数值计算、编写零件加工程序单、制作控制介质到程序校验都是人工完成。它要求编程人员不仅要熟悉数控指令及编程规则，而且还要具备数控加工工艺知识和数值计算能力。对于加工形状简单、计算量小、程序段数不多的零件，采用手工编程较容易，而且经济、及时。对于形状复杂的零件，特别是具有非圆曲线及曲面组成的零件，用手工编程就有一定困难，出错的概率增大，有时甚至无法编出程序，必须用自动编程的方法编制程序。

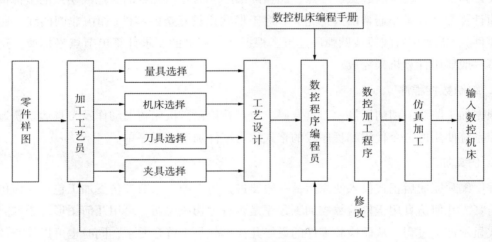

图 1-2 手工编程流程

2. 自动编程

自动编程流程如图 1-3 所示。自动编程是利用计算机专用软件来编制数控加工程序。编程人员只需根据零件图样的要求，使用数控语言，由计算机自动地进行数值计算及后置处理，编写出零件加工程序单，加工程序通过直接通信的方式送入数控机床，指挥机床工作。自动编程使得一些计算烦琐、手工编程困难或无法编出的程序能够顺利地完成，适用于复杂零件的程序编制。目前运用较为广泛的自动编程软件有 UG、PRO/E、Mastercam、Powermill 等。

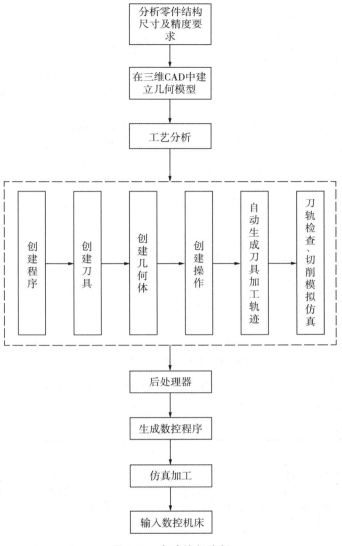

图1-3 自动编程流程

1.2 坐标系统

1.2.1 机床坐标系

机床坐标系是数控机床安装调试时便设定好的固定坐标系，设有固定的坐标原点，用户不能更改。图1-4所示的右手直角笛卡尔坐标系，大拇指的方向为 X 轴的正方向，食指的方向为 Y 轴的正方向，中指的方向为 Z 轴的正方向。绕着 X 轴旋转的是 A 轴，根据右手大拇指指向 X 轴的正方向，弯曲的四指就是旋转轴的正方向。同理，绕着 Y 轴旋转的是 B 轴，绕着 Z 轴旋转的是 C 轴。

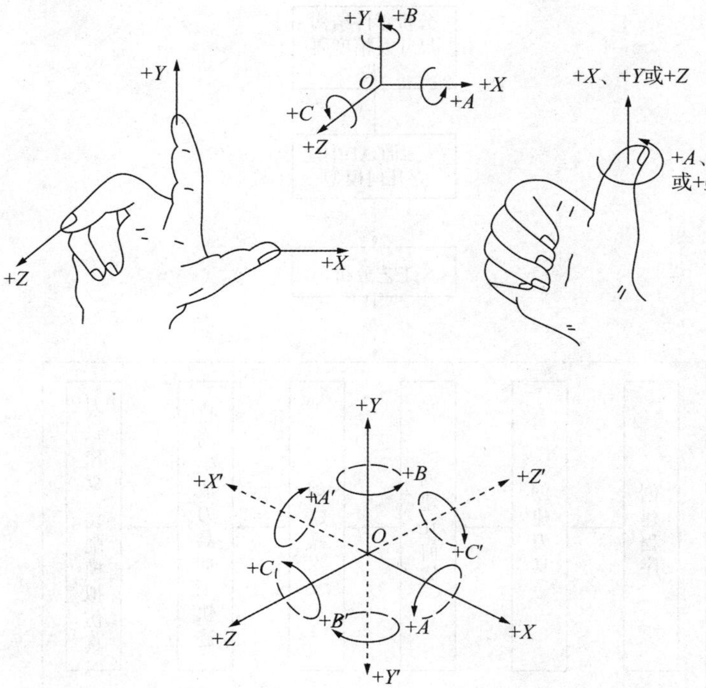

图 1-4　右手直角笛卡尔坐标系

在确定机床坐标轴时，一般先确定 Z 轴，然后确定 X 轴，最后确定其他轴，具体确定方法如表 1-1 所示。几种典型机床的坐标系如图 1-5 所示。

表 1-1　坐标轴确定方法

坐标轴类别	说明
Z 轴	与主轴轴线平行的坐标轴即为 Z 轴，与主轴轴线平行且刀具远离工件的方向为 $+Z$ 方向。如果机床上有几个主轴，则选一垂直于工件装夹卡面的主轴作为主要的主轴
X 轴	X 轴是水平的、平行于工件的装夹卡面且垂直于 Z 轴。对于工件旋转的机床（如车床），X 轴的方向是在工件的径向上，且远离旋转中心的是 $+X$ 方向。对于刀具旋转的机床（铣床），若 Z 轴是垂直的，当从刀具向立柱看时，X 轴正方向指向右，若 Z 轴是水平的，当从主轴向工件方向看时，X 轴正方向指向右
Y 轴	Y 轴垂直于 X、Z 轴，Y 轴的正方向根据 X 和 Z 轴的正方向，按右手直角坐标系来判断（普通数控车床没有 Y 轴方向的移动）
旋转运动 A、B 和 C 轴	A、B 和 C 相应地表示其轴线平行于 X、Y 和 Z 轴的旋转运动。A、B 和 C 轴的正方向按照右手螺旋定则的方式确定

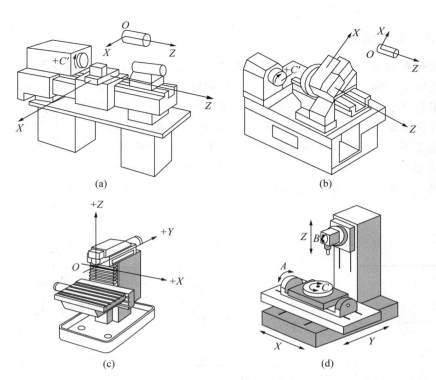

图 1-5 几种典型机床的坐标系

（a）前置刀架数控车床；（b）后置刀架数控车床；（c）三轴数控铣床；（d）六轴加工中心

1.2.2 编程坐标系

编程坐标系是编程人员根据零件图样及加工工艺等在图纸上建立的坐标系，在此坐标系下完成程序编制工作。在确定编程坐标系时，坐标轴方向要与机床坐标系的坐标轴方向一致。编程原点应尽量选在零件的设计基准或工艺基准上。如图 1-6 所示，数控车削工件时编程原点一般选在轴线的右端面（图 1-6（a）），数控铣削工件时编程原点一般选在工件上表面或下表面正中（图 1-6（b））。

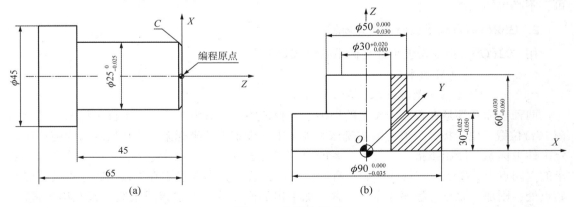

图 1-6 编程坐标系

（a）车削编程坐标系；（b）铣削编程坐标系

▶ 1.2.3 工件坐标系

机床坐标系的建立保证了刀具在机床上的正确运动，编程坐标系保证了零件加工程序的编制，而实际加工中刀具的运动轨迹往往是相对被加工工件描述的，因此机床操作人员还应根据编程坐标系在工件上建立工件坐标系。工件坐标系的坐标轴应该是与机床坐标系相对应的，数控车床加工零件的工件原点一般选在工件右端面与 Z 轴的交点上，如图 1-7 所示；数控铣床加工零件的工件原点应选在对称中心上或工件外轮廓的某一角上，便于坐标值的计算，对于 Z 轴方向的原点，一般设定在工件上表面，如图 1-8 所示。工件坐标系设定好之后，在工件坐标系中执行程序使刀具相对于工件运动，加工成合格的工件。

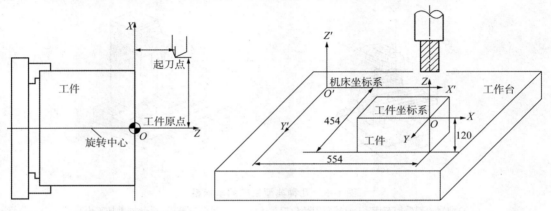

图 1-7　数控车床工件坐标系　　　　图 1-8　数控铣床工件坐标系

工件坐标系的设定方法有以下两种。

1. G54～G59 指令选择工件坐标系

可以在 G54～G59 指令中选择一个作为当前工件坐标系，是在加工前设定好的坐标系，该方法又称零点偏置法。这 6 个工件坐标系的坐标原点在机床坐标系中的坐标值（称为零点偏置值）必须在程序运行前，从"零点偏置"界面输入。一般用于需要建立不止一个工件坐标系的场合。选择好工件坐标系后，若更换刀具，则结合刀具长度补偿指令变换 Z 向坐标即可，不必更换工件坐标系。

2. G92（G50）指令设置工件坐标系

用 G92（G50）指令设置工件坐标系的格式如下：

G50 X_ Z_ ;（数控车床）

G92 X_ Y_ Z_ ;（数控铣床，加工中心）

两种坐标系都是在程序中设定的坐标系，XYZ 的坐标值为刀位点在工件坐标系中的当前（初始）位置。G92 指令一般为数控铣床及加工中心设定工件坐标系，G50 指令为数控车床设定工件坐标系。使用该指令工件坐标系的原点可设定在相对于刀具起始点的某一符合加工要求的空间点上。G92 对刀具的起始点有严格要求，若刀具当前点不在 G92（G50）所设定的起始点处，则加工原点与程序原点不一致，加工出的产品就会有误差或报废，甚至出现危险。因此，执行该指令时，刀具当前点必须恰好在对刀点上，即 G92（G50）所指定的工件坐标系坐标值上。在执行对刀操作找到工件坐标原点后，还需多一步定位刀具至程序起始点的操作，相对前一种工件坐标系设定方法较麻烦。

需要补充说明的是如果是大批量加工，夹具位置在机床上相对固定，则可以使用 G54 ~ G59 选择工件坐标系。在工件坐标系设定页面中设定好每个坐标系原点在机床坐标系中的位置，直接使用相应代码调用即可（如 G54 就是 1#工件坐标系）。但要注意这 6 个 G 代码是模态 G 代码，而 G54 是开机后的默认值，也就是说开机后默认使用的就是 G54 所代表的工件坐标系。单件或小批量加工，由于几乎每次加工的工件坐标系都不一样，因此 G54 ~ G59 指令用起来反而烦琐，这时通常使用 G92 指令。

1.3 数控编程程序及程序段格式

1.3.1 数控编程程序格式

数控加工程序是由若干程序段构成的。程序段则是按照一定顺序排列、能使数控机床完成某特定动作的一组指令。而每个指令都是由地址字符和数字所组成，如 G01 表示直线插补指令、M03 表示主轴顺时针旋转指令、X80.0 表示 X 向的位移、F300 表示刀具进给量等。依靠这些指令，使刀具按直线或圆弧运动，控制主轴的旋转、启停，切削液的开关，自动换刀装置和工作台自动交换装置的动作等。若干程序段组成一个加工零件的完整程序：

O100;	本段及以下为准备程序段内容
N001 G50 X150 Z200;	
N002 M04 S600 M07 T0101;	
N003 G42 G00 X76 Z46.;	
N004 G01 X74 F0.2;	本段及以下为加工程序段内容
N005 Z38 58;	
N006 G02 X90 Z12 R23;	
N007 X118 Z12 R43;	
N008 G01 X119;	
N009 G40 G00 X150 Z200 M09;	本段及以下为结束程序段内容
N010 M05;	
N011 M30;	

一个完整的程序必须由三部分组成，即准备程序段、加工程序段和结束程序段。

1）准备程序段

准备程序段是程序的准备部分，必须位于加工程序段的前面，一般包括以下内容：

（1）程序号，不同的数控系统程序号书写有所不同，如 FUNAC 系统采用字母 O 加若干位数字，SIEMENS 系统采用%加若干位数字，有的数控系统可以没有程序号；

（2）确定尺寸编程输入方式 G90（绝对尺寸）或 G91（增量尺寸）；

（3）工件坐标系的建立 G92 或 G54 ~ G59 中的任一个；

（4）刀具选取 T_ 或 T_ D_；

（5）主轴转速与旋转方向 S_、M03（正转）或 M04（反转）；

（6）打开切削液 M07 或 M08，两种不同性质切削液；

（7）刀具快速定位 G00 X_ Y_ Z_；按照系统设定的速度运动；

（8）用 G41/G42 指令建立刀具半径补偿方式；

（9）用 G43/G44 指令建立刀具长度补偿方式。

2）加工程序段

加工程序段是根据具体要加工零件的加工工艺，按刀具切削点位轨迹编写的程序段。

3）结束程序段

结束程序段一般包括以下内容：

（1）刀具快速回退到程序起点；

（2）主轴停转 M05；

（3）切削液关闭 M09；

（4）取消刀具补偿 G40 或 G49；

（5）程序结束代码 M02（光标停在程序末尾）或 M30（光标返回程序头位置）。

1.3.2　数控编程程序段格式

程序段是由地址、符号、数字等组成的。其中，地址由有特定意义的字母表示；符号为数字前面的正负号，正号可以省略。在常用的数控系统中，程序段格式一般如下：

N_ G_ X_ Y_ Z_ A_ B_ C_ I_ J_ K_（或者 R_）T_ D_（或者 H_）S_ M_ F_；

N 表示程序段的顺序号，如 N010，有的数控系统可以省略程序段的顺序号。

G 表示准备功能指令，一般范围是 G00 ~ G99，但有的数控系统不限于该范围。主要是控制刀具的走刀方式、补偿方式及加工环境的设定等，是最重要的部分。

X、Y、Z、A、B、C 为刀具的位移数据，未发生改变的坐标分量可省略。

I、J、K 为圆弧的圆心相对于圆弧起点的增量坐标值，与 G90 和 G91 方式无关。R 表示圆弧的半径，当圆弧大于 180° 时，R 用负值表示。注意：在程序中，R 与 I、J、K 只能取其中一种，当用 R 表示圆弧半径时，则不能用 I、J、K 表示圆心的相对位置，反之亦然。R 不能表示整圆切削，整圆切削只能用 I、J、K 编程，因为经过同一点，半径相同的圆有无数个。

T 表示所选用的刀具，范围是 T00 ~ T99。其中，T00 表示空刀，T01 ~ T99 表示刀具在刀具库中的编号。其常与 M06 配合使用，表示换刀操作。有的控制系统 T 后面有 4 位数字，其前两位表示刀具的编号，后两位表示刀具的补偿地址。

H 或 D 表示刀具的补偿地址，在地址中存放的是刀具半径补偿量或刀具长度补偿量。

S 表示主轴转速指令，用整数表示，单位是 r/mm 或 m/min。

M 表示辅助功能指令，主要作用是控制机床或系统的辅助动作，如机床主轴的启停、切削液的开关、主轴的旋转方向、子程序结束等。

F 表示刀具进给指令，单位为 mm/min 或 mm/r。

；表示程序段结束的标志符，数控系统不同，结束标志符也不尽相同，有的数控系统是直接以〈Enter〉键表示程序段的结束。

1.4 主要功能指令

1.4.1 准备功能指令

准备功能指令又称 G 代码指令，是使数控机床准备好某种运动方式的指令，如快速定位、直线插补、圆弧插补、刀具补偿、固定循环等。G 代码由地址 G 及其后的两位数字组成，有 G00～G99 共 100 种，有的数控系统不限于该范围。G 代码指令有模态（续效）指令与非模态指令（非续效）之分，模态指令一旦被执行，则一直有效，直到被同组的其他指令注销为止；非模态指令只在所使用的本程序段中有效，程序段结束时，该指令功能自动被取消。不同的数控系统，G 代码的功能可能会有所不同，表 1-2 为 FANUC 系统和 SIEMENS 系统常用的准备功能指令。具体操作时，编程人员应以数控机床配置的数控系统说明书为准。

表 1-2 常用准备功能指令

G 代码	FANUC 系统	SIEMENS 系统
G00	快速定位	快速定位
G01	直线插补（切削进给）	直线插补（切削进给）
G02	圆弧插补（顺时针）	圆弧插补（顺时针）
G03	圆弧插补（逆时针）	圆弧插补（逆时针）
G04	暂停	暂停
G17	XY 平面选择	XY 平面选择
G18	ZX 平面选择	ZX 平面选择
G19	YZ 平面选择	YZ 平面选择
G32	螺纹切削	—
G33	—	恒螺距螺纹切削
G40	刀具补偿注销	刀具补偿注销
G41	刀具补偿——左	刀具补偿——左
G42	刀具补偿——右	刀具补偿——右
G43	刀具长度补偿——正	—
G44	刀具长度补偿——负	—
G49	刀具长度补偿注销	—
G50	主轴最高转速限制	—
G54～G59	工件坐标系设定	零点偏置
G65	宏程序调用	—
G70	精加工循环	英制

G 代码	FANUC 系统	SIEMENS 系统
G71	外圆粗切循环	公制
G72	端面粗切循环	—
G73	封闭切削循环	—
G74	深孔钻循环	—
G75	外径切槽循环	—
G76	复合螺纹切削循环	—
G80	撤销固定循环	撤销固定循环
G81	定点钻孔循环	固定循环
G90	绝对值编程	绝对尺寸
G91	增量值编程	增量尺寸
G92	螺纹切削循环	主轴转速极限
G94	每分钟进给量	直线进给量
G95	每转进给量	旋转进给量
G96	恒线速控制	恒线速度
G97	恒转速控制	注销 G96
G98	返回起始平面	—
G99	返回参考平面	—

1.4.2 辅助功能指令

辅助功能指令又称 M 代码指令。主要用来指令各种辅助动作及其状态，如主轴的正转、反转、停止，切削液的开、关等。M 代码指令有非模态指令和模态指令两种形式。非模态 M 指令只在当段有效，模态 M 指令同组可相互注销，注销前一直有效。另外，M 指令还可以分为前作用 M 指令和后作用 M 指令两类。前作用 M 指令在程序编制的轴运动之前执行；后作用 M 指令在程序编制的轴运动之后执行。数控机床控制系统常用的辅助功能指令如表1-3 所示。

表 1-3　常用辅助功能指令

M 代码	功能	含义
M00	程序停止	执行该指令时，主轴的转动、进给、切削液都停止，可进行换刀、零件掉头、测量零件等手动操作。系统保持在这种状态，直到重新按下循环启动键，继续执行 M00 程序段后面的程序
M01	选择性暂停	其作用与 M00 完全相同。想要 M01 起作用，需要使"控制面板"上相应的"选择停止"键处于"ON"的状态
M02	程序结束	该指令表示执行完程序内所有指令后，主轴停止、进给停止、切削液关闭、机床处于复位状态

M 代码	功能	含义
M03	主轴正转	主轴正向旋转（从 Z 轴正向朝负向看，顺时针旋转）
M04	主轴反转	主轴反向旋转（从 Z 轴正向朝负向看，逆时针旋转）
M05	主轴停止	程序执行至 M05 时，主轴瞬间停止
M06	换刀指令	用于加工中心机械手换刀
M07	切削液开	2 号切削液或雾状切削液开
M08	切削液开	1 号切削液或液状切削液开
M09	切削液关	关闭切削液开关
M30	程序结束	使用 M30 时，除表示 M02 的内容外，刀具还要返回到程序的起始状态，准备下一个零件的加工
M98	子程序调用	调用子程序
M99	子程序结束	子程序结束，程序执行指针跳回 M98 指令的下一程序并继续执行

下面对表 1-3 中的换刀指令和子程序指令加以介绍。

1. 指令 T01 M06 与 M06 T01 的区别

T01 M06：先选刀再换刀，如果 01 号刀在换刀位置，那么刀库不转，换刀机构直接开始执行动作。如果 01 号刀不在换刀位置，刀库按最近方向旋转，使该刀转到换刀位置，执行换刀。执行的结果是使 01 号刀被换到主轴上。

M06 T01：直接换刀，当前在换刀位置的那把刀被换到了主轴上，完成后刀库再把 01 号刀转到换刀位置，为下一次换上 01 号刀做准备。

2. 子程序指令（M98、M99）

子程序调用指令（M98）编程格式：

M98 Pxxxx xxxx；或 M98 Pxxxx L xxxx；

指令说明：P 后面的前 4 位为重复调用次数，省略时为调用一次；后 4 位为子程序号。例如：

M98 P45685；（表示连续调用 4 次 5685 子程序）

M98 P5685；（表示调用 1 次子程序 5685）

子程序结束指令（M99）编程格式：

Oxxxx（子程序号）

…

…

…

M99（子程序结束并返回主程序）

子程序的嵌套：为了进一步简化加工程序，可以允许程序再调用另一个子程序，这一功能称为子程序的嵌套。主程序调用同一子程序执行加工，最多可执行 999 次，子程序亦可再调用另一子程序执行加工，最多可调用 4 层子程序（不同的系统其执行的次数及层次可能不同），如图 1-9 所示。

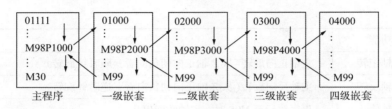

图 1-9　子程序嵌套

1.4.3　主轴功能(S)指令

S 指令用于指定主轴转速,它有恒线速度控制和恒转速控制两种指令方式,并可限制主轴最高转速。

1. 恒线速度控制(G96)

例如:"G96 S1600 M03;"表示切削点的线速度为 1 600 m/min。

2. 恒转速控制(G97),系统默认方式

例如:"G97 S3000 M03;"表示主轴以 3 000 r/min 转速正转。

用途:一般在车削螺纹或车削直径变化不大的零件时使用。

3. 主轴最高转速限制(G50)

例如:"G50 S5000;"表示主轴最高转速为 5 000 r/min。

注意:G50 指令另外一种用途是为数控车床设定工件坐标系。

1.4.4　刀具功能(T)指令

数控加工中要对各种表面进行加工,有粗、精加工之分,需要选择不同的刀具,每把刀都有特定的刀具号,以便数控系统识别。T 指令后面如果跟 4 位数字,则前 2 位是刀具号,后 2 位是刀具补偿号。

例如:"T0506"表示选用 05 号刀,调用存储单元的刀具补偿号是 06 号;

　　　　"T0500"表示取消刀具补偿。

T 指令后面如果跟 2 位数字,则只表示刀具号,后面跟 D_ 表示补偿号。

例如:"T02 D02"表示当前调用刀具是 02 号刀,02 号刀具补偿。

1.4.5　进给功能(F)指令

F 指令用于指定进给速度,它有每转进给和每分钟进给两种指令模式。

1. 每转进给模式(G95),系统默认方式

例如:"G01 G95 F0.3;"表示进给量为 0.3 mm/r。

2. 每分钟进给模式(G94)

例如:"G01 G98 F200;"表示进给速度为 200 mm/min。

注意:F 指令为模态指令,实际进给量可以通过 CNC 操作面板上的进给量旋钮,在 0 ~ 120% 之间控制。螺纹加工时 F 后面的数字为螺纹导程,此时进给量旋钮无效。

1.5 数控加工主要内容

数控加工主要内容包括零件图分析、加工工艺分析及数控加工程序编制。

1.5.1 零件图分析

零件图分析是进行加工工艺分析的前提，它将直接影响零件加工程序的编制与加工，分析零件图主要考虑以下几方面。

1. 零件图的完整性和正确性分析

零件的视图是否完整、正确，表达是否直观、清楚，各几何元素间的相互关系是否正确。尺寸、公差的标注是否齐全、合理，是否有利于编程。

2. 尺寸精度要求

分析零件图上的尺寸精度的要求，以便确定利用何种加工方法能够达到，并确定控制尺寸精度的工艺方法。

3. 形状和位置精度要求

零件图上给定的形状和位置公差是保证零件精度的重要依据。加工时，要按照其要求确定零件的定位基准和测量基准，以便能加工出零件图上所要求的形位精度的零件。

4. 表面粗糙度要求

表面粗糙度是保证零件表面微观精度的重要要求，也是合理选择加工设备、刀具及确定切削用量的依据。

5. 材料与热处理要求

零件图上给定的材料与热处理要求是选择刀具、数控车床型号及确定切削用量的依据。

1.5.2 加工工艺分析

在零件图分析的基础上，要对零件进行加工工艺分析，具体包括以下几方面。

1. 加工设备的选择

根据零件图首先确定是要进行车削加工还是铣削加工，来相应选择数控车床或数控铣床。根据零件加工精度要求，即工件的尺寸精度、形状与位置精度和表面粗糙度的要求来选择数控机床的精度。根据零件的型面来选择数控机床的轴数和联动轴数。一般来说，型面越复杂，需要的联动轴数就越多，例如，具有自由曲面的叶轮，叶片需要在五轴联动机床上才能加工出来。对于能够满足加工需求的零件应尽量选择联动轴数少的机床，以降低加工费用。

2. 毛坯的选择

毛坯的选择包括毛坯类型及制造方法的选择、毛坯精度的确定。零件数控加工的工序数量、材料消耗和劳动量，在很大程度上与毛坯有关。例如，毛坯的形状和尺寸越接近成品零件，即毛坯精度越高，则零件的数控加工劳动量就越少，材料消耗也越少，数控加工的生产率越高，成本越低，但毛坯的制造费用提高了。因此，选择毛坯要从数控加工和毛坯制造两方面综合考虑，以求得最佳效果。

毛坯的类型有铸造件、锻造件、型材、焊接件、冲压件、粉末冶金件、冷挤件、塑料压制件等。对形状较复杂的毛坯，一般可用铸造方法制造。大多数铸件采用砂型铸造，对尺寸精度要求较高的小型铸件，可采用特种铸造，如永久型铸造、精密铸造、压力铸造、熔模铸造和离心铸造等。锻件毛坯由于经锻造后可得到连续和均匀的金属纤维组织，因此锻件的力学性能较好，常用于受力复杂的重要钢质零件。其中，自由锻件的精度和生产率较低，主要用于小批生产和大型锻件的制造；模型锻件的尺寸精度和生产率较高，主要用于产量较大的中小型锻件。型材主要有板材、棒材、线材等，常用截面形状有圆形、方形、六角形和特殊截面形状。就其制造方法，又可分为热轧和冷拉两大类。热轧型材尺寸较大，精度较低，用于一般的机械零件；冷拉型材尺寸较小，精度较高，主要用于毛坯精度要求较高的中小型零件。焊接件主要用于单件小批生产和大型零件及样机试制，其优点是制造简单、生产周期短、节省材料、质量轻；其缺点是抗振性较差，变形大，需经时效处理后才能进行机械加工。

3. 工件装夹方式的选择和夹具设计

在确定夹具时要尽量选用已有的通用夹具，且应注意减少装夹次数，尽量做到在一次装夹中能把零件上所有加工表面都能加工出来。零件定位基准应尽量与设计基准重合，以减少定位误差对尺寸精度的影响。根据已确定的工件加工部位、定位基准和夹紧要求，选用或设计夹具。

4. 刀具的选择

大多数数控加工机床能根据程序指令实现全自动换刀。为了缩短数控加工的准备时间，适应柔性加工的要求，不仅要求刀具精度高、刚性好、耐用度高，而且要求安装、调整、刃磨方便，断屑及排屑性能好。

为了满足要求，刀具选择时应尽量要注意：使刀具规格化和通用化，以减少刀具的种类，便于刀具管理；尽可能采用可转位刀片，磨损后只需要更换刀片，增加了刀具的互换性；在设计或选择刀具时，尽量采用高效率、断屑及排屑性能好的刀具。

常用的刀具材料有高速钢、硬质合金、涂层硬质合金、金属陶瓷、立方氮化硼和金刚石等。高速钢特别适用于制造结构复杂的成形刀具、孔加工刀具，如各类铣刀、拉刀、齿轮刀具、螺纹刀具等；由于高速钢硬度、耐磨性、耐热性不及硬质合金，因此只适用于制造中、低速切削的各种刀具。硬质合金大量应用在刚性好、刃形简单的高速切削刀具上，随着技术的进步，其在复杂刀具上的应用也在逐步扩大。硬质合金或高速钢刀具通过化学或物理方法在表面涂覆一层耐磨性好的难熔金属化合物，既能提高刀具材料的耐磨性，又不降低其韧性。金属陶瓷是以氧化铝(Al_2O_3)或氮化硅(Si_3N_4)为基体，再添加少量金属，在高温下烧结而成的一种刀具材料。金刚石是碳的同素异形体，是目前最硬的刀具材料，显微硬度达 10 000 HV。

5. 切削用量的选择

切削用量是切削时各运动参数的总称，包括主轴转速(r/min)或切削速度(m/min)、进给速度(mm/min)或进给量(mm/r)、背吃刀量。与某一工序的切削用量有密切关系的是刀具寿命。

选择切削用量时，粗加工首先考虑一个尽可能大的背吃刀量 a_p，其次选择一个较大的进给量 f，最后确定一个合适的切削速度 v_c。增大背吃刀量可使得走刀次数减少，增大进给量 f 有利于断屑。因此，根据以上原则选择粗加工切削用量对于提高生产效率、减少刀具消耗、降低加工成本是有利的。精加工时，加工精度和表面粗糙度要求较高，加工余量不大且较均匀，在选择精加工切削用量时，应着重考虑如何保证加工质量，并在此基础上尽量提高生产效率。精加工时应尽量选用较小(但也不要太小)的背吃刀量 a_p 和进给量 f，并选用切削性能较高的刀具材料和合理的几何参数，以尽可能提高切削速度 v_c。

6. 进给路线的规划

进给路线一般指刀具从起刀点(或机床固定原点)开始运动，直至返回该点并结束加工程序所经过的路径，包括切削加工的路径以及刀具切入、切出等非切削空行程。

加工路线的确定首先必须保证被加工零件的尺寸精度和表面质量，其次考虑数值计算简单、走刀路线尽量短、效率较高等。因精加工的进给路线基本上都是沿零件轮廓顺序进行的，所以确定进给路线的工作重点是确定粗加工及空行程的进给路线。

在保证加工质量的前提下，使加工程序具有最短的进给路线，不仅可以节省加工时间，还能减少一些不必要的刀具消耗及机床进给机构滑动部件的磨损等。实现最短的切削路线，除了依靠大量的实践经验外，还应善于分析，必要时可辅助数学算法。

7. 加工工艺文件的制作

数控加工工艺文件既是数控加工、产品验收的依据，也是操作者要遵守、执行的规程，同时还为产品零件重复生产进行了技术上的必要工艺资料积累和储备。它是编程员在编制加工程序时制作的与程序相关的技术文件。该文件主要包括数控加工工序卡、数控加工刀具卡等。对于较复杂轨迹的数控铣削和圆弧切入、切出的铣削加工还应绘制刀具轨迹图(即起刀路线示意图)。

1) 数控加工工序卡

数控加工工序卡与普通加工工序卡有许多相似之处，但不同的是该卡中应反映使用的工步内容、切削用量、刀号、刀具类型等，它是操作人员配合数控程序进行数控加工的主要指导性工艺资料。工序卡应按已确定的工步顺序填写。数控加工工序卡的基本形式如表1-4所示。

表1-4 数控加工工序卡的基本形式

数控加工工序卡			产品名称	零件名称	材料	零件图号
				端盖	HT200	
工序号	程序编号	夹具名称	夹具编号	使用设备		车间
002	O2120	自定心卡盘		CK6160		
工步号	工步内容		切削用量			刀具		备注
		主轴转速 /(r·min^{-1})	进给量 /(mm·r^{-1})	背吃刀量 /mm	编号	规格名称	
1	车左端面	200	0.3	2	T0303	外圆横刀	手动
2	粗车左端面外圆留0.3 mm余量	200	0.3	2	T0101	外圆车刀	自动
3	精车左端外圆，倒角	250	0.07	0.2	T0101	外圆车刀	自动
4	车端面槽	260	0.07	3	T0404	端面槽刀	自动
5	粗车左端内孔，留0.3 mm余量	350	0.2	2	T0202	内孔车刀	自动
6	精车左端内孔，倒角	500	0.07	0.1	T0202	内孔车刀	自动

2）数控加工刀具卡

数控加工刀具卡主要反映刀具编号、刀具名称及规格、刀具参数、数量、用途及材料。数控加工刀具卡的基本形式如表1-5所示。

表1-5　数控加工刀具卡的基本形式

产品名称或代号			零件名称	端盖	零件图号	
序号	刀具号	刀具名称及规格	刀尖半径/mm	数量	加工表面	刀具材料
1	T0101	93°外圆车刀	0.3	1	粗、精车外圆	YG6
2	T0202	93°内孔车刀	0.3	1	粗、精车内孔	YG6
3	T0303	93°外圆横车刀	0.3	1	车端面	YG6
4	T0404	5 mm 端面槽刀	$B=5$	1	车端面槽	YG6
5	T0505	2 mm 内沟槽刀	$B=2$	1	车内沟槽	YG6

1.5.3　数控加工程序单编写

数控加工程序单是编程员根据工艺分析情况，经过数值计算，按照机床的指令代码编写的。它是记录数控加工工艺过程、工艺参数、位移数据的清单，是实现数控加工的主要依据。不同的数控机床、不同的数控系统，程序单的格式不同。本书讲解的编程知识基于FUNAC数控系统，其他类型数控系统请参阅相关书籍及编程手册。

 思考与练习题 ▶▶ ▶

1. 数控编程的流程是什么？
2. 什么是手工编程？什么是自动编程？
3. 数控车床机床坐标系如何确定？
4. 数控铣床机床坐标系如何确定？
5. 什么是机床坐标系？什么是编程坐标系？什么是工件坐标系？
6. 数控编程的格式是什么？
7. 常用的准备功能指令有哪些？常用的辅助功能指令有哪些？
8. 指令 T01 M06 与 M06 T01 的区别是什么？
9. 数控加工的主要内容有哪些？

第 2 章
基本指令

通过对本章的学习，学生应掌握 FUNAC 数控系统车床和铣床的常用指令的功能、编程格式、参数含义及使用注意事项。

本章主要内容
- 常用准备功能指令
  - 运动控制指令
  - 刀具补偿指令
  - 与坐标系相关指令
- 车削常用指令
  - 简单固定循环指令
    - 内径/外径车削循环指令（G90）
    - 端面车削循环指令（G94）
  - 复合固定循环指令
    - 外圆粗车复合循环指令（G71）
    - 精车加工循环指令（G70）
    - 端面粗车循环指令（G72）
    - 仿形粗车循环指令（G73）
    - 切槽循环指令（G75）
  - 螺纹车削指令
    - 单行程螺纹切削指令（G32）
    - 螺纹切削单一固定循环指令（G92）
    - 螺纹复合循环车削指令（G76）
- 铣削常用指令
  - 镜像功能指令
  - 缩放功能指令
  - 图形旋转功能指令
- 孔加工固定循环指令

2.1 常用准备功能(G)指令

2.1.1 运动控制指令

1. 快速定位指令(G00)

1)车削快速定位指令(G00)

指令格式:

G00 X(U)_ Z(W)_;

其中,X、Z为移动终点在工件坐标系下的绝对坐标值;U、W为移动终点相对于起点的位移量。

2)铣削快速定位指令(G00)

指令格式:

G00 X_ Y_ Z_;

其中,在G90中,X、Y、Z为刀具移动的终点在工件坐标系中的坐标;在G91中,X、Y、Z为刀具移动的终点相对于起点的位移量。

指令说明:(1)G00指令中的快进速度由系统设定,不能用程序规定,不可发生切削;

(2)G00为模态变量,可由G01、G02、G03功能注销;

(3)G00一般用于加工前快速定位或加工后快速退刀。

2. 直线插补指令(G01)

1)车削直线插补指令(G01)

指令格式:

G01 X(U)_ Z(W)_ F_;

其中,X、Z为切削终点在工件坐标系下的绝对坐标值;U、W为切削终点相对于起点坐标的增量值;F为进给速度。

2)铣削直线插补指令(G01)

指令格式:

G90 G01 X_ Y_ Z_ F_; 绝对尺寸编程

G91 G01 X_ Y_ Z_ F_; 增量尺寸编程

其中,X、Y、Z为刀具切削终点坐标;F为进给速度,其单位一般为mm/min。

例2-1:如图2-1所示,刀具由起始点A直线插补到目标点B。
程序分别如下:

N10 G90 G01 X30 Y60 F100; 绝对尺寸编程

N10 G91 G01 X-40 Y30 F100; 增量尺寸编程

指令说明:(1)G01使刀具以进给速度F沿直线切削至目标点;

(2)G01与F指令都为模态指令,后续若继续使用,可省略;

(3)用G01编程时,也可以写作G1,不运动的坐标可以省略;

(4)实际速度为F与进给速度修调倍率的乘积。

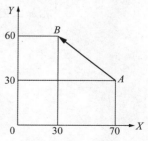

图2-1 G01应用

3．圆弧插补指令（G02/G03）

1）车削圆弧插补指令（G02/G03）

指令格式 1：

G02　X(U)_ Z(W)_ R_ F_;

G03　X(U)_ Z(W)_ R_ F_;

指令说明：（1）G02 为顺时针圆弧插补、G03 为逆时针圆弧插补；

（2）X、Z 表示圆弧终点绝对坐标值；

（3）U、W 表示圆弧终点相对圆弧起点的增量坐标；

（4）R 表示圆弧半径，用半径值表示；

（5）F 表示进给速度。

指令格式 2：

G02　X(U)_ Z(W)_ I_ k_ F_;

G03　X(U)_ Z(W)_ I_ k_ F_;

2）铣削圆弧插补指令（G02/G03）

指令格式如下。

XY 平面：G02(G03)G17 X_ Y_ I_ J_(R_)F_;

ZX 平面：G02(G03)G18 X_ Z_ I_ K_(R_)F_;

YZ 平面：G02(G03)G19 Y_ Z_ J_ K_(R_)F_;

指令说明：

（1）I_、J_、K_ 表示圆弧圆心相对于圆弧起点在 X、Y、Z 方向上的增量坐标，与 G90 和 G91 方式无关。

（2）I_、J_、K_ 同样可以用 R_ 指定，R 表示圆弧半径，当两者同时被指定时，R 指令优先，I、J、K 指令无效，在圆弧切削时，当圆弧的圆心角 $\alpha \leqslant 180°$ 时，R 值为正；当圆弧的圆心角 $\alpha > 180°$ 时，R 值为负。R 不能进行整圆切削，整圆切削只能用 I、J、K 编程，因为经过同一点，半径相同的圆有无数个。

（3）F 为刀具沿圆弧切向的进给速度。

（4）顺圆弧和逆圆弧在各个坐标平面内的判别方法如图 2-2 所示，即在圆弧插补中沿垂直于要加工圆弧所在平面的坐标轴由正方向向负方向看，刀具相对于工件的转动方向是顺时针方向为 G02，逆时针方向为 G03。

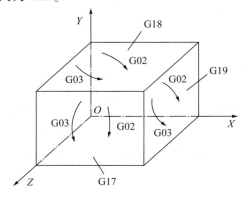

图 2-2　G02 和 G03 判别方法

例2-2：如图2-3所示，设定刀具由坐标原点快进至点 a，从点 a 开始沿 a，b，c，d，e，f，a 切削，最终回到坐标原点。

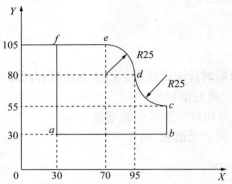

图2-3　G01、G02和G03应用

用绝对值编程：

N01 G92 X0 Y0;

N02 G90 G00 X30 Y30;

N03 G01 X120 F100;

N04 Y55;

N05 G02 X95 Y80 I0 J25 F90;

N06 G03 X70 Y105 I-25 J0;

N07 G01 X30 Y105 F120;

N08 Y30;

N09 G00 X0 Y0;

N10 M30;

用增量值编程：

N01 G91 G00 X30 Y30;

N02 G01 X90 F110;

N03 Y25;

N04 G02 X-25 Y25 I0 J25 F100;

N05 G03 X-25 Y25 I-25 J0;

N06 G01 X-40 F110;

N07 Y-75;

N08 G00 X-30 Y-30;

N09 M30;

注意：采用相对坐标尺寸编程，尺寸相对值为0时，可省略。

4. 暂停指令（G04）

暂停指令G04可使刀具进行短暂的无进给光整加工，一般用于镗平面、锪孔、切槽等场合。

指令格式：

G04 X(P)_;

指令说明：

（1）X（P）为暂停时间，其中 X 后面可用小数表示，单位为 s；P 后面用整数表示，单位为 ms；

（2）G04 在前一程序段的进给速度降到 0 之后才开始暂停动作；

（3）G04 为非模态指令，仅在本程序段中有效。

例如："G04 P2000；"表示暂停 2 s。

2.1.2　刀具补偿指令

1. 刀具半径补偿功能指令（G41/G42）

1）刀具半径补偿含义

数控程序是按刀具的中心编制的，在进行零件轮廓加工时，刀具中心轨迹相对于零件轮廓通常应让开一个刀具半径的距离，即所谓的刀具偏置或刀具半径补偿，如图 2-4 所示。采用半径补偿功能，在编程时不必按刀具中心轨迹编程，只需根据图纸上工件轮廓轨迹编程即可，加工时系统会自动进行偏移一个补偿值。

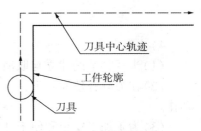

图 2-4　刀具半径补偿

2）指令格式及代码（G17 平面）

G41 建立刀具半径左补偿：G00/G01 G41　X_ Y_ D_；

G42 建立刀具半径右补偿：G00/G01 G42　X_ Y_ D_；

G40 取消刀具半径补偿：G00/G01 G40　X_ Y_；

其中，X、Y 为建立刀具半径补偿（或取消刀具半径补偿）时目标点坐标；D 为刀具半径补偿号，加工前在控制面板上手工输入刀具半径值。

3）G41/G42 判断方法

（1）G41 是刀具半径左补偿指令，即沿着刀具前进方向看，刀具始终位于工件的左侧，如图 2-5 所示。

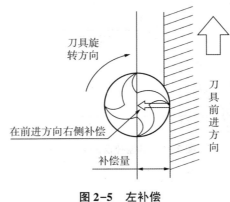

图 2-5　左补偿

（2）G42 是刀具半径右补偿指令，即沿着刀具前进方向看，刀具始终位于工件的右侧，如图 2-6 所示。

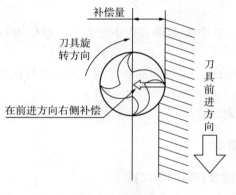

图 2-6 右补偿

4）注意事项

（1）半径补偿的建立与取消程序段只有在 G00 或 G01 移动指令下才有效。

（2）在刀具补偿模式下，不允许在非补偿平面内移动指令，否则刀具会出现过切等危险动作。

（3）为了加工安全和便于计算坐标，最好采用切线切入方式，在工件外侧（轮廓的延长线上）来建立或取消刀补。

（4）G40、G41、G42 都是模态指令，可相互注销，在没有取消前一直有效。

（5）半径补偿值为负值时，G41、G42 功效互换。

例 2-3：使用刀具半径补偿功能完成图 2-7 所示轮廓加工的编程。

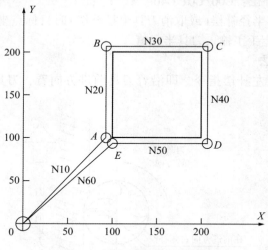

图 2-7 半径补偿的动作过程

OA：刀补建立。

ABCDE：刀补进行。

EO：刀补取消。

程序如下：

O00010

…   *程序准备*

```
N010G41 G01 X100 Y100 D01；        刀补建立
N030 Y200；                         刀补进行
N050 X200；                         刀补进行
N070 Y100；                         刀补进行
N090 X100；                         刀补进行
N011G40 G0 Y0；                     刀补取消
…
```

2. 刀具长度补偿指令

当使用不同类型及规格的刀具或刀具磨损时，可使用刀具长度补偿功能补偿刀具尺寸的变化，而不必重新调整刀具或重新对刀。在编程时，可以不考虑刀具在机床主轴上装夹的实际长度，而只需要在程序中给出刀具端刃的 Z 坐标，具体的刀具长度由 Z 向对刀来协调。

1）长度补偿指令（G43/G44/G49）

G43 的功能是正补偿，即将 Z 坐标尺寸字与 H 代码中长度补偿量相加，按其结果进行 Z 轴运动，如图 2-8（a）所示；G44 的功能是负补偿，即将 Z 坐标尺寸字与 H 代码中长度补偿量相减，按其结果进行 Z 轴运动，如图 2-8（b）所示；G49 的功能是取消长度补偿。

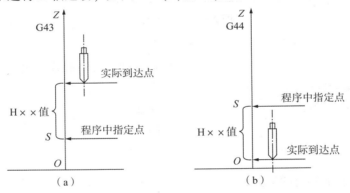

图 2-8 刀具长度补偿

（a）正补偿；（b）负补偿

2）指令格式及参数含义

```
G43/G44 G00(G01)  Z_ H×× F_；
```
其中，Z_为补偿轴方向的终点坐标值；H××是指编号××寄存器中的刀具长度补偿量。

3）G43/G44 指令使用注意事项

（1）G43/G44/G49 均为模态指令，可相互注销。

（2）取消长度补偿用 G49，也可用 H00。机床通电后，其自然状态为 G49。

（3）执行 G43 指令时，Z 实际值＝Z 指令值＋（H××）；执行 G44 时，Z 实际值＝Z 指令值－（H××）。

（4）如果寄存器中的补偿量为负值，则：

执行 G43 指令时，Z 实际值＝Z 指令值 ＋（H××）<Z 指令值，刀负向移动；

执行 G44 指令时，Z 实际值＝Z 指令值 －（H××）>Z 指令值，刀正向移动；

此时，G43 和 G44 的功能互换。

4）G43/G44 指令几何含义

使用 G43、G44 相当于平移了 Z 轴原点。即将坐标原点 O 平移到了点 O′ 处，后续程序中的 Z 坐标均相对于 O′ 进行计算。使用 G49 时则又将 Z 轴原点平移回到了点 O。

例 2-4：如图 2-9 所示，编程钻削加工零件表面孔，设 H02 = 55 mm。

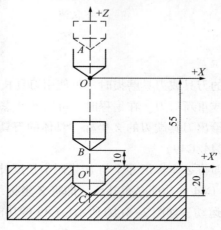

图 2-9　长度补偿应用

程序如下：

```
N001 G92 X0 Y0 Z0;                设定当前点 O 为程序零点
N002 G90 G00 G44 Z10.0 H02;       指定点 A，实到点 B
N003 G01 Z-20.0;                  实到点 C
N004 Z10.0;                       实际返回点 B
N005 G00 G49 Z0;                  实际返回点 O
```

2.1.3　与坐标系相关指令

1. 绝对值与增量值指令（G90/G91）

如图 2-10 所示，G90 为绝对值编程指令，G91 为增量值编程指令。在 G90 方式下，程序段中的轨迹坐标都是相对于某一固定编程原点所给定的绝对值。在 G91 方式下，程序段中的轨迹坐标都是相对于前一位置坐标的增量值。

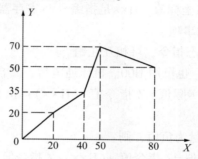

图 2-10　G90 与 G91 应用

用绝对值编程的程序如下：

N01　G90；

N02　G01　X20　Y20　F100；

N03　X40　Y35；

N04　X50　Y70；

N05　X80　Y50；

N06　M02；

用增量值编程的程序如下：

N01　G91；

N02　G01　X20　Y20　F100；

N03　X20　Y15；

N04　X10　Y35；

N05　X-20　Y30；

N06　M02；

如果在程序段开始不注明是 G90 还是 G91 方式，则数控装置按 G90 方式运行。另外，有些数控系统没有绝对尺寸和增量尺寸指令，当采用绝对尺寸编程时，尺寸字用 X、Y、Z 表示；采用增量尺寸编程时，尺寸字用 U、V、W 表示。

2. 工件坐标系设置指令（G92/G50）

工件坐标系设定指令是规定工件坐标系原点的指令，工件坐标系原点又称为编程原点。数控编程时，必须先建立工件坐标系，用来确定刀具刀位点在坐标系中的坐标值。

指令格式：

G50 X_ Z_；（数控车床）

G92 X_ Y_ Z_；（数控铣床、加工中心）

其中，X、Y、Z 为刀位点在工件坐标系中的初始值。G50 设定工件坐标系如图 2-11 所示。需要注意的是，有的数控系统直接采用零点偏置指令（G54～G59）建立工件坐标系。

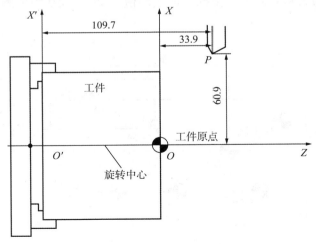

图 2-11　G50 设定工件坐标系

例如:

```
G52  X 121.8  Z33.9;        设定点 O 为工件坐标系原点
G52  X 121.8  Z109.7;       设定点 O′ 为工件坐标系原点
```

X、Z 后面的数值为刀位点离工件坐标系原点的距离。

G92 设定工件坐标系如图 2-12 所示。

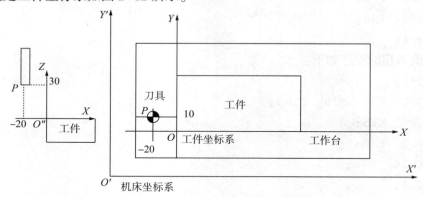

图 2-12　G92 设定工件坐标系

例如:

```
G92X-20 Y10 Z30;
```

X、Y、Z 后的数值表示刀具刀位点与工件坐标系原点之间各方向的距离。需要注意的是,一旦执行 G92 指令建立坐标系,后续的绝对值指令坐标位置都是此工件坐标系中的坐标值。

3. 工件坐标系选择指令(G54/G55/G56/G57/G58/G59)

G54 ~ G59 是系统预定的 6 个坐标系,如图 2-13 所示。可根据需要任意选用。加工时,其坐标系的原点必须设为工件坐标系的原点在机床坐标系中的坐标值,否则加工出的产品就会有误差或报废,甚至出现危险。这 6 个预定工件坐标系的原点在机床坐标系中的值(工件零点偏置值)可用 MDI 方式输入,系统自动记忆。工件坐标系一旦选定,后续程序段中绝对值编程时的指令值均为相对此工件坐标系原点的值。G54 ~ G59 为模态指令,可相互注销,G54 为默认值。

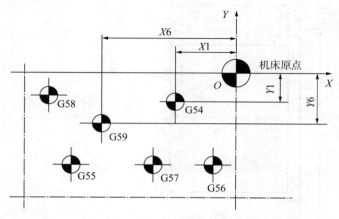

图 2-13　G54 ~ G59 工件坐标系预定

4. 局部坐标系设置指令(G52)

指令格式:

G52 X_ Y_;

该指令必须是 G90 方式下,G91 不可取。X_ Y_是局部坐标系原点在工件坐标系中的坐标值,是 G52 后面的程序的 X0 Y0 点,即新坐标系原点。G52 的设定只能相对所选择的工件坐标系,不能在自身的基础上再进行叠加。G52 X0 Y0 Z0 为取消局部坐标系返回原坐标系下。

5. 自动返回参考点指令(G28)、返回指令(G29)

G28 指令格式:

G91(或 G90)G28 X_ Y_ Z_;

该指令表示刀具经过以工件坐标系为参考点的坐标点 X_ Y_ Z_返回参考点,如图 2-14 所示。

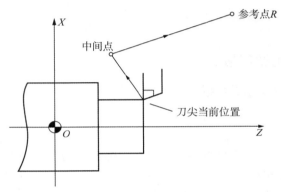

图 2-14 G28 应用

G29 指令格式:

G29 X_ Y_ Z_

该指令一般紧跟在 G28 指令的后面,指令中的坐标值 X_ Y_ Z_是执行 G29 指令后,刀具到达的目标点。G29 的动作顺序是刀具先从参考点快速移动到前面 G28 所指定的中间点,再移动到 G29 指令的位置定位。例如:

(1)"G91 G28 Z0;"表示刀具从当前点返回 Z 向参考点;

(2)"G91 G28 X0 Y0 Z0;"表示刀具从当前点返回参考点;

(3)"G90 G28 X_ Y_ Z_;"表示刀具经过以工件坐标系为参考的坐标点 X_ Y_ Z_返回参考点;

(4)"G90 G29 X_ Y_ Z_;"表示刀具经过前面 G28 所指定的中间点,以工件坐标系为参考的坐标点 X_ Y_ Z_。

6. 加工平面选择指令(G17/G18/G19)

G17 选择 XY 平面;G18 选择 ZX 平面;G19 选择 YZ 平面,如图 2-15 所示,一般系统默认为 G17。数控车床总是在 ZX 平面内运动,在程序中不需要用 G18 指令。该组指令用于选择进行插补加工和刀具半径补偿的平面。

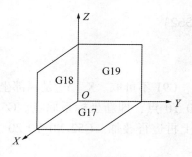

图 2-15   加工平面设定

值得注意的是，移动指令与平面选择无关，如执行指令"G17 G01 Z30"时，Z 轴照样会移动。

2.2   车削常用指令

2.2.1   简单固定循环指令

1. 内径/外径车削循环指令（G90）

指令格式：

G90 X(U)_ Z(W)_ R_ F_;

其中，X、Z 为圆锥面切削终点坐标值；U、W 为圆锥面切削终点相对于循环起点的坐标；R 为切削起点与切削终点的半径差，为 0 时圆柱切削，不为 0 时圆锥切削；F 为进给速度。

如图 2-16 所示，图中 R 为快速进给，F 为程序指定速度进给。程序段执行一次完成 4 个轨迹动作。

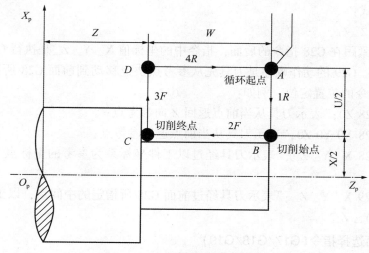

图 2-16   G90 切削示意

加工图 2-17 所示圆柱面工件的程序如下：

```
G90 X40.Z30.F30;        刀具运动轨迹为：A→B→C→D→A
X30;                    刀具运动轨迹为：A→E→F→D→A
X20;                    刀具运动轨迹为：A→G→H→D→A
```

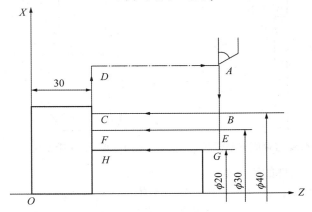

图 2-17　G90 圆柱切削循环

加工图 2-18 所示圆锥面工件的程序如下：

```
G90 X40.Z20.R-5.F30;
X30;
X20;
```

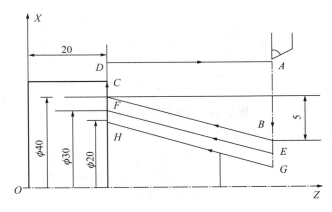

图 2-18　G90 圆锥切削循环

2. 端面车削循环指令（G94）

直端面车削循环指令格式：

```
G94 X(U)_ Z(W)_ F_;
```

带锥度的端面车削循环指令格式：

```
G94 X(U)_ Z(W)_ R_ F_;
```

其中，X、Z 为端面切削终点 C 的坐标值；U、W 为端面切削终点 C 相对循环起点 A 的增量值；R 为圆锥面切削起点 B 相对于切削终点 C 的 Z 坐标点差值，有正负号，当刀具沿 Z 向正方向移动时 R 取负值，沿负方向移动时取正值。

两种循环分别如图 2-19 和图 2-20 所示。

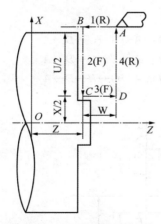

图 2-19　G94 直端面车削循环

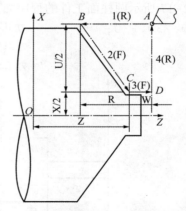

图 2-20　G94 带锥度的端面车削循环

加工图 2-21 所示工件的程序如下：

G94 X18.Z18.F30;　　　　刀具运动轨迹为：$A{\rightarrow}B{\rightarrow}C{\rightarrow}D{\rightarrow}A$

Z14;　　　　　　　　　　刀具运动轨迹为：$A{\rightarrow}E{\rightarrow}F{\rightarrow}D{\rightarrow}A$

Z10;　　　　　　　　　　刀具运动轨迹：$A{\rightarrow}G{\rightarrow}H{\rightarrow}D{\rightarrow}A$

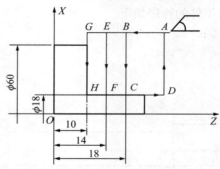

图 2-21　G94 直端面车削应用

加工图 2-22 所示工件的程序如下：

G94 X20.Z29.R-7.F30;　　　刀具运动轨迹为：$A{\rightarrow}B{\rightarrow}C{\rightarrow}D{\rightarrow}A$

Z24;　　　　　　　　　　刀具运动轨迹为：$A{\rightarrow}E{\rightarrow}F{\rightarrow}D{\rightarrow}A$

Z19;　　　　　　　　　　刀具运动轨迹为：$A{\rightarrow}G{\rightarrow}H{\rightarrow}D{\rightarrow}A$

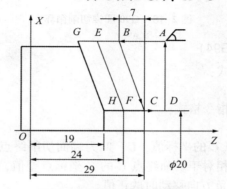

图 2-22　G94 端面车削应用

2.2.2　复合固定循环指令

1. 外圆粗车复合循环指令 (G71)

外圆粗车循环是一种复合固定循环，适用于外圆柱面需多次走刀才能完成的粗加工，如图 2-23 所示。

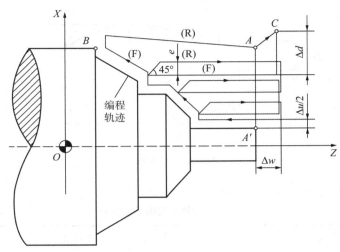

图 2-23　G71 粗车循环

指令格式：

G71　U(Δd)　R(e)；

G71　P(n_s)　Q(n_f)　U(Δu)　W(Δw)　F(f)S(s)　T(t)；

其中， Δd 为背吃刀量（半径值），没有正负号，一定为正值；e 为每次切削循环的退刀量；n_s 为精加工循环的第一个程序段的顺序号；n_f 为精加工循环的最后一个程序段的顺序号；Δu 为 X 方向的精加工余量（直径值）；Δw 为 Z 方向的精加工余量；f、s、t 为进给量、转速、刀具号。

提示：外圆粗车循环中，加工形状必须在 X 和 Z 两个方向都符合单调增大或减小。

注意：

（1）G71 程序段本身不进行精加工。

（2）G71 程序段不能省略除 F、S、T 以外的地址符。

（3）循环中的第一个程序段（即 n_s 段）必须包含 G00 或 G01 指令，只能是 X 方向上的移动。

（4）粗加工工件内圆表面时，精加工余量 Δu 取负值。

（5）零件轮廓必须符合 X 轴、Z 轴方向同时单调增大或单调减小。

（6）n_s 到 n_f 程序段中，不能包含有子程序。

（7）G71 循环时可以进行刀具位置补偿，但不能对刀尖半径进行补偿。因此，在 G71 指令前必须用 G40 取消原有的刀尖半径补偿。在 n_s 到 n_f 程序段中可以含有 G41 或 G42，是对精车轨迹进行刀尖半径补偿。

例 2-5：毛坯为 ϕ40 mm×117 mm 的铝棒，运用外径粗加工循环指令 G71 编制图 2-24 所示手柄零件的左端圆柱数控加工程序。要求循环起点在 A(45，5)，粗车时每次背吃刀量为 2 mm，每次切削循环的退刀量为 1 mm，X 方向精加工余量为 0.5 mm，Z 方向精加工余量为 0。

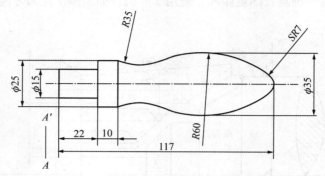

图 2-24　手柄零件

刀具及切削用量选择如表 2-1 所示

表 2-1　刀具及切削用量选择

操作序号	工作内容（走刀路线）	T 刀具	刀具名称	切削用量			装夹方式
				主轴转速/（r·min⁻¹）	进给量/（mm·r⁻¹）	背吃刀量/mm	
1	加工端面	T0101	外圆车刀	400			自定心卡盘装夹、外伸 70 mm 左右，对刀
2	粗车外轮廓	T0101	外圆车刀	800	0.2	2	
3	精车外轮廓	T0202	外圆车刀	1 200	0.1	0.5	

程序如下：

O0001；	
M03 S800 T0101；	使用外圆刀，主轴转速 800 r/min
G00 X45 Z5；	快速定位至循环起点 A
G71 U2 R1；	粗车背吃刀量 2 mm，退刀量为 1 mm
G71 P10 Q20 U0.5 W0 F0.2；	粗车进给量为 0.2 mm/r
N10 G00 X15；	由 A 快速定位至 A'，开始精车程序
G01 Z-22 F0.1；	设定刀具进给量为 0.1 mm/r
X25；	
Z-33；	
N20 X42；	退刀
G00 X100 Z100；	返回换刀点
M05；	主轴停转
T0202	换刀
M03 S1200；	主轴以 1200 r/min 的转速进行正转

```
G00 X42 Z5;                  快速定位至循环起点A
G70 P10 Q20;                 精车循环
G00 X100 Z100;               返回换刀点
M30;                         程序结束
```

2. 精车加工循环指令（G70）

指令格式：

G70 P(n_s) Q(n_f)；

在粗加工的 n_f 程序段后加上"G70 P(n_s) Q(n_f)"程序段，并在 n_s 和 n_f 程序段中加上精加工适用的 F、S、T，就可以完成从粗加工到精加工的全过程。

注意：

（1）必须先使用 G71、G72 或 G73 指令后，才可以使用 G70 指令；

（2）在 n_s 和 n_f 之间的 F、S、T 是给 G70 精车使用的，若不指定，则按粗车循环程序段中制订的 F、S、T 执行；

（3）在车削循环期间，刀具（尖）半径补偿功能有效；

（4）在 n_s 和 n_f 之间的程序段不能调用子程序。

3. 端面粗车循环指令（G72）

端面粗车循环指令 G72 用于圆柱毛坯的端面方向粗车，进刀路线如图 2-25 所示。

指令格式：

G72 W(Δd) R(e)；

G72 P(n_s) Q(n_f) U(Δu) W(Δw) F(f) S(s) T(t)；

其中，Δd 为切削深度（每次切削量），指定时不加符号；e 为每次退刀量；n_s 为精加工路径第一程序段的顺序号；n_f 为精加工路径最后程序段的顺序号；Δu 为 X 方向的精加工余量；Δw 为 Z 方向的精加工余量；f、s、t 为进给量、转速、刀具号。

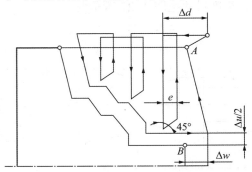

图 2-25 G72 端面粗车循环

4. 仿形粗车循环指令（G73）

G73 指令主要用于加工毛坯形状与零件轮廓形状基本接近的铸造成形或已粗车成形的工件。使用 G73 可以减少空行程，提高加工效率，其走刀路径如图 2-26 所示。

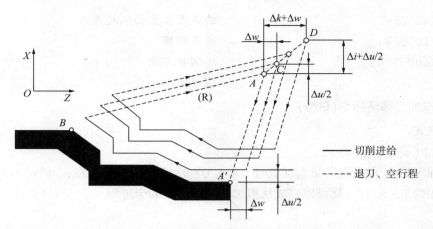

图 2-26　仿形粗车循环指令 G73

指令格式：

G73　U(Δi)　W(Δk)　R(d)；

G73　P(n_s)　Q(n_f)　U(Δu)　W(Δw)　F(f)　S(s)　T(t)；

其中，Δi 为 X 轴方向退刀量的距离和方向（半径指定），当向+X 轴方向退刀时，该值为正，反之为负；Δk 为 Z 轴方向退刀量的距离和方向，当向+Z 轴方向退刀时，该值为正，反之为负；d 为粗加工重复次数；n_s 为精车加工程序第一个程序段的顺序号；n_f 为精车加工程序最后一个程序段的顺序号；Δu 为在 X 方向精加工余量的距离和方向（直径指定）；Δw 为在 Z 轴方向精加工余量的距离和方向；f、s、t 为进给量、转速、刀具号；

注意：

G73 应与 G70 配合使用，精加工时，G73 指令程序段中的 F、S、T 功能无效，只有在精车加工循环指令 G70 状态下，n_s 到 n_f 程序段中的 F、S、T 功能才有效。

例 2-6：毛坯为 ϕ40 mm×117 mm 的铝棒，运用 G73 指令编写加工完成手柄零件的右端手柄部分的数控加工程序，车削尺寸至图 2-27 所示要求。

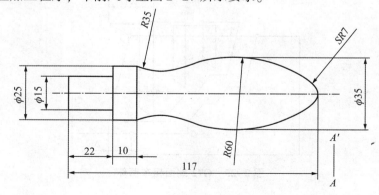

图 2-27　手柄零件

计算基点：采用 CAD 软件找点，如图 2-28 所示，其各基点坐标值分别如下。

A(11.886，-3.302)，B(26.410，-60.946)，C(25，-85)，D(25，-95)

图 2-28　基点确定

刀具及切削用量选择如表 2-2 所示。

表 2-2　刀具及切削用量选择

操作序号	工作内容（走刀路线）	T 刀具	刀具名称	切削用量			装夹方式
				主轴转速/（r·min^{-1}）	进给量/（mm·r^{-1}）	背吃刀量/（mm）	
1	粗车外轮廓	T0303	75°外圆车刀	800	0.2	2	自定心卡盘装夹、外伸 96 mm 左右，对刀
2	精车外轮廓	T0404	75°外圆车刀	1200	0.1	0.5	

程序如下：

```
O0002;
M03 S800 T0303;                    使用尖刀，主轴转速为 800 r/min
G00 X45 Z5;                        快速定位至循环起点 A
G73 U21 R20;                       Δi 为 21，加工循环次数为 20
G73 P10 Q20 U0.5 W0 F0.2;          粗车进给量为 0.2 mm/r
N10 G00 X0;                        快速定位，开始精车程序
    G01 Z0 F0.1;                   设定刀具进给量为 0.1 mm/r
    G03 X11.886 Z-3.302 R7;
        X26.410 Z-60.946 R60;
    G02 X25 Z-85 R35;
N20 G01 X42;                       退刀
G00 X100 Z100;                     返回换刀点
T0404                              换刀
M03 S1200;                         主轴以 1 200 r/min 的转速进行正转
G00 X42 Z5;                        快速定位至循环起点 A
G70 P10 Q20;                       精车循环
G00 X100 Z100;                     返回换刀点
M30;                               程序结束
```

5. 切槽循环指令（G75）

指令格式：

G75　R（e）；

G75　X（u）　Z（w）　P（Δi）　Q（Δk）　R（Δd）　F（f）　S（s）　T（t）；

其中，e 为切槽过程中径向的退刀量（半径值），单位为 mm，无正负号；X（u）、Z（w）为切槽起终点坐标，X 为槽底直径，Z 为切槽时的 Z 轴方向终点位置坐标，同样与切槽起始位置有关；Δi 为切槽过程中径向的每次切入量（半径值），单位为 μm，无正负号；Δk 为沿径向切完一个刀宽后退出，在 Z 轴方向的移动量，单位为 μm，但必须注意其值应小于刀宽；Δd 为刀具切到槽底后，在槽底沿 $-Z$ 轴方向的退刀量，单位为 μm，注意尽量不要设置数值，取 0，以免断刀；f、s、t 为进给量、转速、刀具号。

例 2-7：采用 G75 指令完成图 2-29 所示宽槽加工，外圆已加工完成，右端面中心为编程原点。

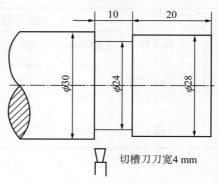

切槽刀刀宽4 mm

图2-29 宽槽加工

程序如下：

O0002；	程序名
T0202 M03 S500 G99；	定义刀具，主轴，进给单位
G00 X35 Z-30；	快速定位到切槽起点(35，-30)
G75 R0.5；	切槽过程中的径向退刀量为0.5 mm
G75 X24 Z-24 P500 Q3000 R0 F0.1；	切槽终点坐标(24，-24)，X轴方向每次深 500 μm，Z轴方向移动3 000 μm
G00 X100 Z100；	切槽完毕退刀
M30；	程序结束

2.2.3 螺纹车削指令

1. 单行程螺纹车削指令（G32）

指令格式：

G32 X(U)_ Z(W)_ F_；

其中，X、Z 为螺纹车削终点的绝对坐标；U、W 为螺纹车削终点相对车削起点的增量坐标；F 为螺纹的导程，单位为 mm。单线螺纹的导程＝螺距；多线螺纹的导程＝螺距×螺纹线数。

车削螺纹时切削量较大，一般要求分数次进给，进刀次数可由经验可得，或查表。常用螺纹车削进给次数与吃刀量如表 2-3 所示。

表2-3　常用螺纹车削进给次数与背吃刀量　　　　　　　　　　　（mm）

公制螺纹							
螺距	1.0	1.5	2.0	2.5	3.0	3.5	4.0
牙深(半径量)	0.649	0.974	1.299	1.624	1.949	2.273	2.598
车削次数及 背吃刀量 （直径量） 1次	0.7	0.8	0.9	1.0	1.2	1.5	1.5
2次	0.4	0.6	0.6	0.7	0.7	0.7	0.8
3次	0.2	0.4	0.6	0.6	0.6	0.6	0.6
4次		0.16	0.4	0.4	0.4	0.6	0.6
5次			0.1	0.4	0.4	0.4	0.4
6次				0.15	0.4	0.4	0.4
7次					0.2	0.2	0.4
8次						0.15	0.3
9次							0.2

例2-8：加工图2-30所示的零件的螺纹。由表2-3可知，该螺纹车4刀可成，编写螺纹加工程序。工件坐标系建立在工件的右端面中心。

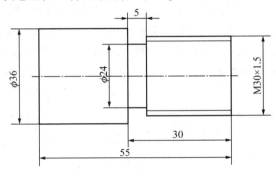

图2-30　G32应用

程序如下：

O002;	程序名
N10 M03 S500;	主轴正转，转速为500 r∕min
N20 T0101;	换1号刀(使用前对刀)
N30 G00 X29.2 Z3;	确定车螺纹的起点
N40 G32 Z-27.5 F1.5;	车第1刀，退刀点选在退刀槽的中间
N50 G00 X40;	退刀
N60 Z3;	返回到螺纹车削起点
N70 X28.6;	确定车第2刀的起点位置
N80 G32 Z-27.5 F1.5;	车第2刀
N90 G00 X40;	
N100 Z3;	

N110 X28.2;

N120 G32 Z-27.5 F1.5;   车第3刀

N130 G00 X40;

N140 Z3;

N150 X28.04;

N160 G32 Z-27.5 F1.5;   车第4刀

N170 G00 X40;

N180 M05;

N190 M30;

2. 螺纹车削单一固定循环指令(G92)

1)圆柱螺纹车削循环

指令格式:

G92 X(U)_ Z(W)_ F_;

2)锥螺纹车削循环

指令格式:

G92 X(U)_ Z(W)_ R_ F_;

其中,X、Z 为螺纹车削终点的绝对坐标。U、W 为螺纹车削终点相对车削起点的增量坐标。R 为圆锥螺纹起点和终点的半径差,当圆锥螺纹的起点坐标大于终点坐标时为正,反之为负;加工圆柱螺纹时,R 为0,可省略;F 为螺纹的导程,单位为 mm。

如图 2-31 所示,该指令由 4 个过程组成:进刀→切削→退刀→返回循环起点。

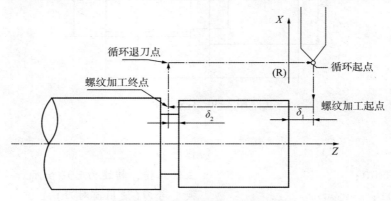

图 2-31 G92 螺纹切削循环功能

例 2-9:对于图 2-30,采用 G92 指令,程序如下(工件坐标系建立在工件的右端面中心):

O008;   程序名

N10 M03 S500;   主轴正转,转速为 500 r/min

N20 T0101;   换 1 号刀(使用前对刀)

N30 G00 X32 Z2;   确定车螺纹的循环起点

N40 G92 X29.2 Z-27.5 F1.5;   螺纹车削循环第 1 次进给,螺距为 1.5 mm

N50 X28.6;　　　　　　　第 2 次进给

N60 X28.2;　　　　　　　第 3 次进给

N70 X28.04;　　　　　　第 4 次进给

N80 G00 X150 Z150;

N90 M02;

N100 M30;

可以看出，采用 G92 螺纹车削循环指令编程比 G32 指令简单得多。

3. 螺纹复合循环车削指令 (G76)

G76 是螺纹粗、精车合用的复合固定循环指令。

指令格式：

G76　P$(m)(r)(a)$　　Q$(\Delta d_{\min})$　R(d);

G76　X(U)_　Z(W)_　R(i)　P(k)　Q(Δd)　F(L);

其中，m 为精加工次数，必须用两位数表示（范围为 01～99），为模态值；r 为退尾倒角量，必须用两位数表示，范围为 00～99，如 $r=10$，则倒角量＝10×0.1×导程，为模态值；a 为刀尖角，可以选择 80°、60°、55°、30°、29°、0°共 6 种，其角度数值用两位数指定；$\Delta d_{\min}$ 为最小切削深度（半径值），单位为 μm；d 为精加工余量（半径值），单位 μm；X、Z 指令后的数值为螺纹终点绝对坐标，X 为螺纹小径，Z 为螺纹长度；U、W 指令后的数值为螺纹终点增量坐标；i 为螺纹两端的半径差，即螺纹车削起点与螺纹车削终点的半径差，加工圆柱螺纹时 i 为 0，可省略；加工圆锥螺纹时，当 X(U) 向车削起点坐标小于终点坐标时 i 为负，反之为正；k 为螺纹的螺牙高度（半径值），单位 μm；Δd 为第 1 刀深度（半径值），单位 μm；L 为螺纹导程。

G76 刀具轨迹如图 2-32(a) 所示，切削参数定义如图 2-32(b) 所示。

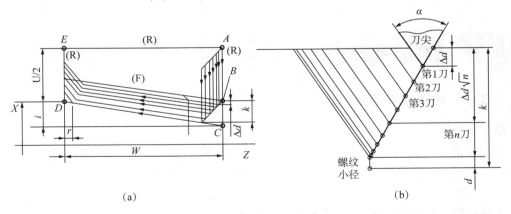

(a)　　　　　　　　　　　　　　　　(b)

图 2-32　G76 功能

(a)刀具轨迹；(b)切削参数定义

例 2-10：如图 2-33 所示的圆柱螺纹，外圆已加工，编程坐标原点设在工件右端面中心处。采用 G76 编写螺纹加工程序。

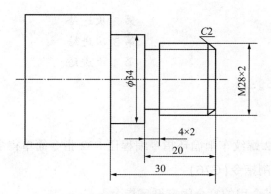

图 2-33 G76 功能应用

程序如下：

O0060；

M03 S800；

T0101；

G00 X32 Z2；　　　　　　　　　　　　定位到循环起始点

G76 P020560 Q100 R50；　　　　　　　螺纹循环加工参数设置

G76 X25.4 Z-17 R0 P1300 Q500 F2；指定螺纹车削终点位置、牙深、第 1 刀切深及
　　　　　　　　　　　　　　　　　　导程

G00 X120；

G00 Z200；

M05；

M30；

2.3　铣削常用指令

2.3.1　镜像功能指令

指令格式：

G51.1 X_ Y_；　　　　　　　　　　　建立镜像功能

…　　　　　　　　　　　　　　　　　镜像建立中(要镜像的程序)

G50.1X_ Y_；　　　　　　　　　　　取消镜像功能

说明：用 G51.1 指定镜像的对称点(位置)和对称轴。

例如："G51.1 X0"表示关于 Y 轴对称的镜像，"G51.1 Y0"表示关于 X 轴对称的镜像。

例 2-11：实现图 2-34 所示的镜像功能程序如下：

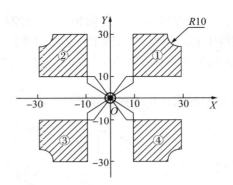

图 2-34　镜像功能实例

O0042;	主程序
G54 G91 G17 M03 S600;	
M98 P100;	加工①
G51.1 X0;	Y 轴镜像，镜像位置为 $X=0$
M98 P100;	加工②
G51.1 Y0;	X、Y 轴镜像，镜像位置为 $(0，0)$
M98 P100;	加工③
G50.1 X0;	X 轴镜像继续有效，取消 Y 轴镜像
M98 P100;	加工④
G50.1 Y0;	取消镜像
M30;	
O100;	子程序 (①的加工程序)
G41 G00 X10.0 Y4.0 D01;	
G43 Z-98.0 H01;	
G01 Z-7.0 F300;	
Y26.0;	
X10.0;	
G03 X10.Y-10.0 I10.0 J0;	
G01 Y-10.0;	
X-25.0;	
G49 G00 Z105.0;	
G40 X-5.0 Y-10.0;	
M99;	

2.3.2　缩放功能指令

指令格式：

G51 X_ Y_ Z_ P_;	建立缩放功能
…	缩放功能建立中 (要缩放的程序)
G50;	取消缩放功能

说明：以给定点$(X，Y，Z)$为缩放中心，将图形放大到原始图形的P倍；如省略$(X，Y，Z)$，则以程序原点为缩放中心。例如："G51 P3"表示以程序原点为缩放中心，将图形放大到原来的3倍；"G51 X25 Y25 P2"表示以给定点$(25，25)$为缩放中心，将图形放大到原来的2倍。

例2-12：实现图2-35所示的缩放功能程序如下：

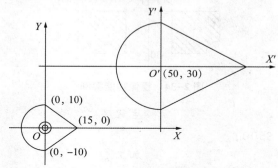

图2-35　缩放功能实例

```
O0030;                          主程序
N100 G92 X-50 Y-40;
N110 G51 P2;                    建立缩放功能
N120 M98 P0100;
N130 G50;                       取消缩放
N140 M30;
O0100;                          子程序
N10 G00 G90 X0 Y-10 F100;
N20 G02 X0 Y10 I10 J10;
N30 G01 X15 Y0;
N40 G01 X0 Y-10;
N50 M99;                        子程序返回
```

▶▶ 2.3.3　图形旋转功能指令

指令格式：

G17 G68 X_ Y_ P_;
G18 G68 X_ Z_ P_;
G19 G68 Y_ Z_ P_;
…   要旋转的程序
G69;

说明：

G68为建立旋转；

G69为取消旋转；

X、Y、Z为旋转中心的坐标值；

P为旋转角度，单位为(°)，$0 \leqslant P \leqslant 360°$；

G68、G69 为模态指令，可相互注销。

例 2-13：实现图 2-36 所示的旋转功能程序如下：

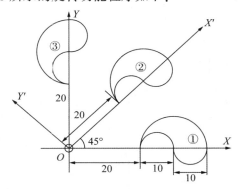

图 2-36　旋转功能实例

```
O0068;                          主程序
N10 G54 G00 X0 Y0 Z50;
N15 G90 G17 M03 S600;
N20 G43 Z-5 H02;
N25 M98 P200;                   加工①
N30 G68 X0 Y0 P90;              旋转45°
N40 M98 P200;                   加工②
N60 G68 X0 Y0 P30;              旋转90°
N70 M98 P200;                   加工③
N77 G49 Z50;
N80 G69 M05;                    取消旋转
O200;                           子程序(①的加工程序)
G41 G01 X20 Y-5 D02 F300;
Y0;
G02 X40 I10;
X30 I-5;
G03 X20 I-5;
G00 Y-6;
G40 X0 Y0;
M99;
```

2.4　孔加工固定循环指令

2.4.1　孔加工固定循环动作

在数控铣床与加工中心上进行孔加工时，通常采用系统配备的固定循环功能进行编程。

通过对这些固定循环指令的使用，可以在一个程序段内完成某个孔加工的全部动作（定位、进给、退刀、孔底暂停、退回等），从而大大减少编程的工作量。

如图 2-37 所示，孔加工的 6 个动作如下。

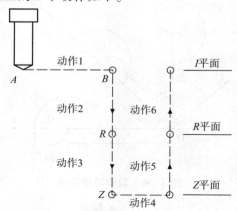

图 2-37　孔加工动作

动作 1：$A{\rightarrow}B$，刀具快速定位到孔加工循环起点 B（孔中心位置）。

动作 2：$B{\rightarrow}R$，刀具快速运动到孔上方的安全高度平面 R（参考平面）。

动作 3：$R{\rightarrow}Z$，孔加工至孔底平面。

动作 4：Z 点（孔底）做所需要的动作（如主轴停止、进给暂停、刀具偏移等）。

动作 5：$Z{\rightarrow}R$，刀具快速退回到参考平面 R。

动作 6：$R{\rightarrow}B$，刀具快速退回到初始平面 I。

下面对固定循环过程中的几个定义平面加以解释。

1. 初始平面 I

初始平面 I 是为了安全下刀而规定的一个平面。初始平面到零件表面的距离可以任意设定在一个安全高度上。当使用同一把刀具加工若干孔时，只有孔间存在障碍需要跳跃或者孔全部加工完成时，才使用 G98 指令使刀具返回到初始平面的初始点。

2. 安全高度平面 R

安全高度平面 R 即 R 平面，又称 R 参考平面，是刀具下刀从快进转为工进的高度平面。R 平面到工件表面的距离主要考虑工件表面尺寸的变化，一般可取 $2\sim5$ mm。使用 G99 指令时，刀具将返回到该平面的 R 点。

3. 孔底平面

加工盲孔时，孔底平面就是孔底的 Z 轴高度；加工通孔时，一般刀具还要伸出工件底平面一段距离，主要是为了保证全部孔深都加工到尺寸，钻削时还要考虑钻头钻尖对孔深的影响。

⯈⯈ 2.4.2　孔加工固定循环指令格式

如图 2-38 所示，孔加工固定循环的程序格式如下。

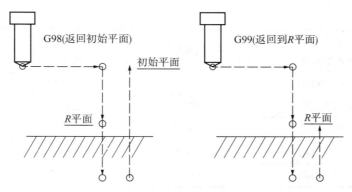

图 2-38　孔加工固定循环

指令格式：

G90 /G91 G98 /G99 G73 ~G89 X_ Y_ Z_ R_ Q_ P_ F_ K_；

其中，G90 /G91 为绝对坐标编程或增量坐标编程，G90 方式下，R 和 Z 值按 Z 轴坐标原点设定；G91 方式下，R 值是由初始平面至 R 平面的距离，Z 值是自 R 平面至孔底平面的距离；G98 为返回初始平面；G99 为返回 R 平面；G73 ~ G89 为孔加工方式，如钻孔加工、高速深孔钻加工、车孔加工等；X、Y 为孔的位置坐标；Z 为孔底坐标，若为通孔时，应超出孔底 3 ~ 5 mm（与 G90 或 G91 有关）；R 为安全高度平面（R 平面）的坐标（与 G90 或 G91 的选择有关）；Q 为指定当深孔加工（G73/ G83）时，每次下钻的进给深度，当镗孔（G76/G87）时，刀具的横向偏移量（Q 值为正值）；P 为孔底的暂停时间（ms）；F 为进给速度；K 为指定固定循环的次数（如果需要的话），或称"子程序调用次数"。当为 K0 时，只记忆加工参数不执行加工；只调用一次时，K1 可省略。

2.4.3　孔加工固定循环指令说明

日本 FUNAC 数控系统孔加工固定循环指令及功能如表 2-4 所示，表中仅对部分指令加以介绍。

表 2-4　FUNAC 数控系统孔加工固定循环指令及功能

G 代码	加工运动（Z 轴负向）	孔底动作	返回运动（Z 轴正向）	功能
G73	分次，切削进给	—	快速定位进给	高速深孔钻削
G74	切削进给	暂停→主轴正转	切削进给	攻左螺纹
G76	切削进给	主轴定向，让刀	快速定位进给	精镗循环
G80	—	—	—	取消固定循环
G81	切削进给	—	快速定位进给	普通钻削循环
G82	切削进给	暂停	快速定位进给	钻削或粗镗削
G83	分次，切削进给	—	快速定位进给	深孔钻削循环
G84	切削进给	暂停→主轴反转	切削进给	攻右螺纹

续表

G 代码	加工运动 （Z 轴负向）	孔底动作	返回运动 （Z 轴正向）	功能
G85	切削进给	—	切削进给	镗削循环
G86	切削进给	主轴停	快速定位进给	镗削循环
G87	切削进给	主轴正转	快速定位进给	反镗削循环
G88	切削进给	暂停→主轴停	手动	镗削循环
G89	切削进给	暂停	切削进给	镗削循环

1. 高速深孔加工循环指令（G73）

指令格式：

G73　X_ Y_ Z_ R_ Q_ P_ F_ K_；

高速深孔加工循环指令 G73 的循环动作如图 2-39 所示。该固定循环用于 Z 轴的间歇进给，使深孔加工时容易排屑，减少退刀量，提高加工效率。Q 值为每次的进给深度，其值 q 一般取 2～3 mm。k 为每次的退刀量，由机床参数设定，与指令格式中的 K 含义不同。

2. 钻孔循环（钻中心孔）指令（G81）

指令格式：G81　X_ Y_ Z_ R_ F_ K_；

钻孔循环（钻中心孔）指令 G81 的循环动作如图 2-40 所示，包括 X 和 Y 坐标定位、快进、工进和快速返回等动作。该指令用于钻一般的通孔或螺纹底孔等。

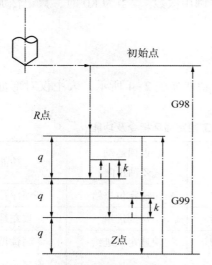
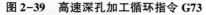
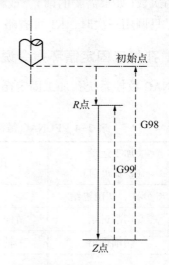

图 2-39　高速深孔加工循环指令 G73　　　图 2-40　钻孔循环（钻中心孔）指令 G81

例 2-14：试采用钻孔循环指令 G81 加工图 2-41 所示各孔。

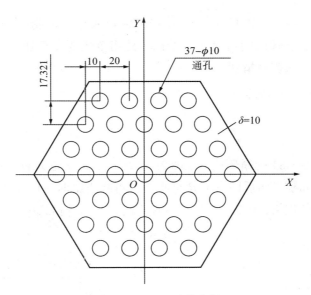

图 2-41　G81 功能实例

加工程序如下：

N010 G90 G80 G92 X0.0 Y0.0 Z100.0；

N020 G00 X-50.0 Y51.963 S800 M03；

N030 Z20.0 M08 F40；

N040 G91 G81 G99 X20.0 Z-18.0 R-17.0 K4；

N050 X10.0 Y-17.321；

N060 X-20.0 K4；

N070 X-10.0 Y-17.321；

N080 X20.0 K5；

N090 X10.0 Y-17.321；

N100 X-20.0 K6；

N110 X10.0 Y-17.321；

N120 X20.0 K5；

N130 X-10.0 Y-17.321；

N140 X-20.0 K4；

N150 10.0 Y-17.321；

N160 X160 X20.0 K3；

N170 G80 M09；

N180 G90 G00 Z100.0；

N190 X0.0 Y0.0 M05；

N200 M30；

3. 带停顿的钻孔循环指令（G82）

指令格式：

G82　X_ Y_ Z_ R_ P_ F_ K_；

带停顿的钻孔循环指令 G82 的循环动作如图 2-42 所示。该指令除了要在孔底暂停外，其他动作与 G81 相同，暂停时间由地址 P 给出。此指令主要用于加工盲孔，孔底表面质量要求比较高时可提高孔底表面精度。

4. 排屑钻孔循环指令（G83）

指令格式：

G83 X_ Y_ Z_ R_ Q_ F_ K_；

排屑钻孔循环指令 G83 的循环动作如图 2-43 所示，每次进刀量用地址 Q 给出，其值 q 为增量值，每次刀具间歇进给后回退至 R 点平面，再次进给时，应在距已加工面 k（mm）处将快速进给转换为切削进给，k 是由机床参数设定的，与指令格式中的 K 含义不同。

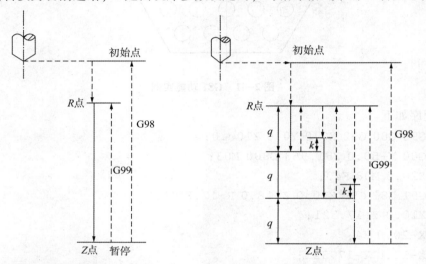

图 2-42 带停顿的钻孔循环指令 G82   图 2-43 排屑钻孔循环指令 G83

例 2-15：用 $\phi10$ mm 的钻头钻图 2-44 所示的 4 个孔。若孔深为 10 mm，用 G81 指令；若孔深为 40 mm，用 G83 指令，试用循环方式编程。刀具的初始位置位于工件坐标系的（0，0，200）处。

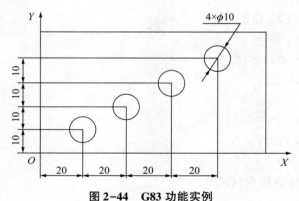

图 2-44 G83 功能实例

加工程序如下：

N001 G90 G92 X0 Y0 Z200；

N002 G00 Z20；

N003 S300 M03；

N004 G91 G99 G81 X20.Y10.Z-13.R-17.F50.K4；

或 N004 G91 G99 G83 X20.Y10.Z-43 R-17.Q10.F50 K4；

N005 G80 M05；

N006 G90 G00 X0 Y0 Z200；

N007 M02；

5. 精镗循环指令 (G76)

指令格式：

G76　X_ Y_ Z_ R_ Q_ P_ F_ K_；

精镗循环指令 G76 的循环动作如图 2-45 所示。精镗时，主轴在孔底定向停止后，向刀尖反方向移动，以保证加工面不被破坏，然后快速退刀。刀尖反向位移量用地址 Q 指定，其值 a 只能为正值。需要注意的是，该偏移量值是在固定循环内保存的模态值，必须小心指定，因为它也用作 G73 和 G83 的切削深度。

6. 右旋螺纹加工循环指令 (G84)

指令格式：

G84　X_ Y_ Z_ R_ P_ F_ K_；

右旋螺纹加工循环指令 G84 的循环动作如图 2-46 所示。从 R 点到 Z 点攻螺纹时，刀具正向进给，主轴正转；到孔底部时，主轴反转，刀具以反向进给速度退出。G84 指令中进给倍率不起作用。

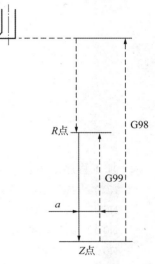

图 2-45　精镗循环指令 G76

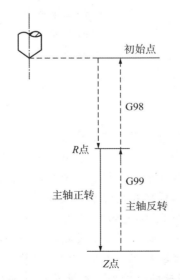

图 2-46　右旋螺纹加工循环指令 G84

例 2-16：如图 2-47 所示，零件上 5 个 M20×1.5 的螺纹底孔已打好，零件厚度为 10 mm，通丝，试编写右旋螺纹加工程序。工件坐标系设定在工件上表面中心处。

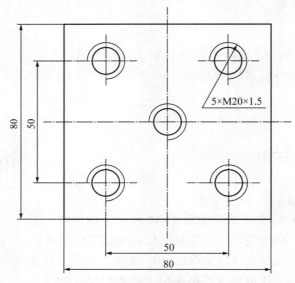

5×M20×1.5

图 2-47　右旋螺纹加工

加工程序如下：

N001 G90 G54 G00 X0 Y0 Z100；	绝对编程，设置刀具起始位置
N002 G00 Z30. S300；	刀具快速定位到初始平面，主轴正转
N003 G99 G84 X0 Y0 Z-15. R3. F1.5；	加工原点处右螺纹返回 R 平面
N004　　X25. Y25；	加工第一象限右螺纹返回 R 平面
N005　　X-25；	加工第二象限右螺纹返回 R 平面
N006　　Y-25；	加工第三象限右螺纹返回 R 平面
N007 G98　X25；	加工第四象限右螺纹返回初始平面
N008 G80；	取消固定循环
N009 M30；	程序结束

思考与练习题 ▶▶　▶

1. 运动控制类指令有哪些？简述它们的功能。

2. 直线插补指令 G01 的编程格式是什么？使用时的注意事项有哪些？

3. 圆弧插补指令有哪些？编程格式是什么？使用时的注意事项有哪些？

4. 刀具补偿指令有哪些？编程格式是什么？使用时的注意事项有哪些？

5. 简述工件坐标系选择指令 G54 ~ G59 的使用方法。

6. 车削复合循环指令有哪些？每个指令的使用注意事项有哪些？

7. 孔加工固定循环指令有哪些？孔加工指令的编程格式是什么？

8. 数控车削加工图 2-48 所示轴类零件，零件毛坯为 $\phi60$ mm×80 mm 的铝棒，编写加工程序。

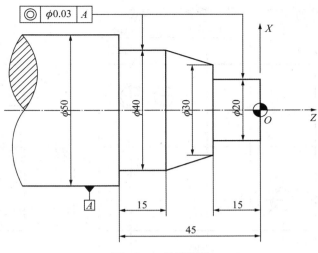

图 2-48 轴类零件

9. 如图 2-49 所示，在方形毛坯上铣削加工出圆形凸台和方形轮廓，粗加工已完成，编写精加工程序。

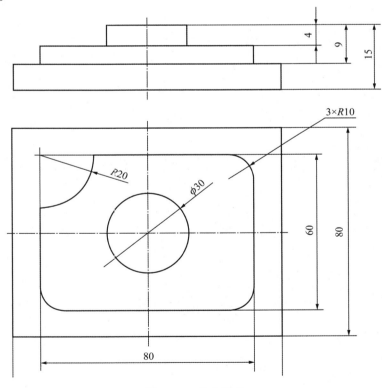

图 2-49 凸台零件

10. 加工图 2-50 所示的 4 个孔，编写加工程序。

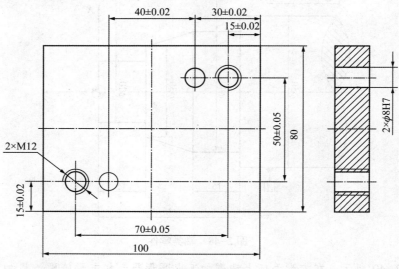

图 2-50 孔板零件

第3章
数控车削编程与加工

 章前导学 ▶▶ ▶

　　本章主要讲解数控车削编程与加工，按照车削加工的零件种类进行分类介绍。通过本章的学习，学生应能够掌握数控车削典型零件的工艺制订及程序的编写。

本章主要内容
- 数控车削基础
  - 数控车削加工方法
  - 数控车削编程特点
  - 数控车削编程注意事项
  - 数控车削编程坐标系
- 数控车削加工工艺
  - 数控车削加工工艺的特点
  - 数控车削加工工艺的制订
- 阶梯轴数控车削编程与加工
  - 阶梯轴加工方法
  - 含圆锥面阶梯轴
  - 含圆弧面阶梯轴
- 轴类零件环形槽数控车削编程与加工
  - 轴类零件环形槽分类与功能
  - 单沟槽零件加工
  - 多沟槽零件加工
  - 宽槽加工
- 螺纹数控车削编程与加工
  - 螺纹加工基础
  - 外螺纹车削加工
  - 内螺纹车削加工
- 盘套类零件数控车削编程与加工
  - 盘类零件加工
  - 套类零件加工

3.1 数控车削基础

3.1.1 数控车削加工方法

数控车削加工是在车床上利用车刀对工件的旋转表面进行切削加工的方法。它主要用来加工各种轴类、套筒类及盘类零件上的旋转表面和螺旋面，其中包括：内外圆柱面、内外圆锥面、内外螺纹、成型回转面、端面、沟槽及滚花等。此外，还可以钻孔、车孔、铰孔、攻螺纹等。数控车削类型如图3-1所示。

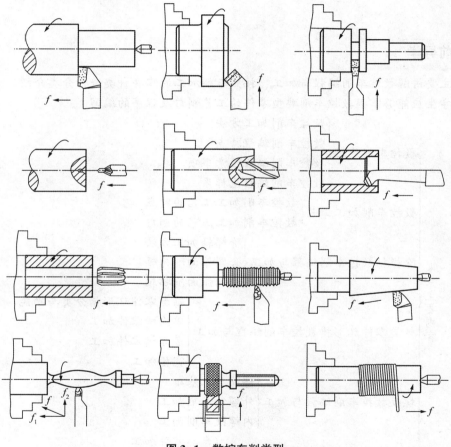

图3-1　数控车削类型

3.1.2 数控车削编程特点

数控车床的加工对象主要是回转体类零件，针对此类零件的特点，数控车削加工在实际中主要呈现如下一些特点。

（1）在一个程序段中，根据图样上标注的尺寸，可以采用绝对值编程、增量值编程或二者混合编程。大多数数控车床用 X、Z 表示绝对坐标，用 U、W 表示增量坐标，而不用 G90

或 G91 表示。

（2）被加工零件的径向尺寸在图样上和测量时，都是以直径值表示，所以直径方向用绝对值编程时，X 以直径值表示；用增量值表示时，以径向实际位移量的二倍值表示，并附上方向符号（正向可以省略）。

（3）提高工件的径向尺寸精度，有些数控车床 X 轴方向的脉冲当量取 Z 轴方向的一半。

（4）车削加工常用棒料或锻料作为毛坯，加工余量较大，所以为简化编程，数控装置常具备不同形式的固定循环，可进行多次重复循环切削。

（5）编程时，常认为车刀刀尖是一个点，而实际上为了提高刀具寿命和工件表面质量，车刀刀尖磨成一个半径不大的圆弧，因此为提高工件的加工精度，当编制圆头刀程序时，需要对刀具半径进行补偿。大多数数控车床具有刀具半径自动补偿功能（G41、G42），可直接按照工件轮廓尺寸进行编程。

3.1.3　数控车削编程注意事项

编制轴类零件的加工程序时，因工件横截面为圆形，故尺寸有直径指定和半径指定两种方法，目前一般的数控车床在出厂时设定为直径编程。

用户在编制与 X 轴相关的各项尺寸时，一定要考虑相应数据量的变化；如果用户想采用半径编程方式，则需要修改内部参数，使系统处于半径编程状态。

3.1.4　数控车削编程坐标系

编程坐标系可以任意设定，但一般取 Z 轴与主轴轴线重合，正方向是远离卡盘的方向；X 轴常选在工件内端面或外端面上且与 Z 轴垂直相交，正方向是刀架离开主轴轴线的方向。X 轴同 Z 轴的交点为编程坐标的原点，即编程零点。工件坐标系一旦设定，程序中所有坐标都必须依据此坐标系进行确定。

3.2　数控车削加工工艺

3.2.1　数控车削加工工艺的特点

在数控车床上工件可以旋转，刀架带动刀具能实现两坐标轴联动插补功能，进而可实现对工件的直线或圆弧轮廓的加工；数控车床还具有运动部件的位移检测反馈系统，加工精度高，加工过程中能实现无级变速。数控车床由于上述特点，其适用范围比普通车床大得多。数控车削所能加工的零件特点和工艺特点如表 3-1 所示。

表 3-1　数控车削所能加工的零件特点和工艺特点

加工对象	零件特点	工艺特点
高精度零件	形状精度和位置精度要求高	数控车床刚性好，制造精度对刀具精度要求高，能方便、精确地进行人工补偿和自动补偿
高表面质量零件	表面粗糙度很小	数控车床具有恒线速度切削功能，机床的刚性好，制造精度高，能加工出表面粗糙度很小的零件

续表

加工对象	零件特点	工艺特点
轮廓形状复杂的零件	轮廓为由圆弧或任意平面曲线所组成的回转零件	数控车床具有圆弧插补功能，可直接使用圆弧指令来加工圆弧轮廓；数控车床也可加工由任意平面曲线所组成轮廓的回转零件，既能加工可用方程描述的曲线，也能加工列表曲线
带特殊螺纹的零件	带特殊螺纹	数控车床加工螺纹时主轴转向不必交替变换，可以不停顿地循环。数控车床还配有精密螺纹切削功能，再加上一般采用硬质合金成型刀片，车削出来的螺纹精度高、表面粗糙度小
超精密零件	超高的轮廓精度和超低的表面粗糙度	高精度、高功能的数控车床上超精加工的轮廓精度可达到 0.1 μm，表面粗糙度可达到 0.02 μm

3.2.2 数控车削加工工艺的制订

1. 零件加工工艺分析

在设计零件的加工工艺规程时，首先要对加工对象进行深入分析。数控车削加工工艺分析要素如表 3-2 所示。

表 3-2 数控车削加工工艺分析要素

要素	数控车削加工工艺分析
零件轮廓	在车削加工中手工编程时，要计算每个节点坐标；在自动编程时，要对构成零件轮廓的所有几何元素进行定义。因此，在分析零件图时应注意以下几点： (1)零件图上是否漏掉某尺寸，使其几何条件不充分，影响零件轮廓的构成； (2)零件图上的图线位置是否模糊或尺寸标注不清，无法编程； (3)零件图上给定的几何条件是否合理，是否造成数学处理困难； (4)零件图上的尺寸标注方法适应数控车床加工的特点，应以同一基准标注尺寸或直接给出坐标尺寸
尺寸精度要求	分析零件图样尺寸精度的要求，以判断能否利用车削工艺达到，并确定控制尺寸精度的工艺方法。同时，还可以进行尺寸的换算。在利用数控车床车削零件时，常常对零件要求的尺寸取最大和最小极限尺寸的平均值作为编程的尺寸依据
形状和位置精度要求	零件图样上给定的形状和位置公差是保证零件精度的重要依据，加工时，要按照其要求确定零件的定位基准和测量基准，还可根据数控车床的特殊需要进行一些技术性处理
表面粗糙度要求	表面粗糙度是保证零件表面微观精度的重要要求，也是合理选择数控车床、刀具及确定切削用量的依据
材料与热处理要求	零件图样上给定的材料与热处理要求，是选择刀具、数控车床型号以及确定切削用量的依据

2. 工艺路线设计

数控车床在加工过程中，考虑加工对象轮廓曲线形状、位置、材料、批量不同等多方面因素的影响，在对具体零件制订加工工艺方案时，应该进行具体分析和区别对待。一般要遵循先粗后精、先近后远、先内后外、走刀路线最短的原则，从而达到质量优、效率高、成本低的目的。数控车削工艺路线的设计原则如表 3-3 所示。

表 3-3　数控车削工艺路线的设计原则

原则	具体内容
先粗后精	先安排粗加工工序，将精加工前大量的加工余量去掉，同时尽量满足精加工的余量均匀性要求，再安排换刀后进行半精加工和精加工。当粗加工后所留余量的均匀性满足不了精加工要求时，则可安排半精加工作为过渡性工序。在安排可以一刀或多刀进行的精加工工序时，其零件的最终轮廓应由最后一刀连续加工而成。这时，加工刀具的进退刀位置要考虑妥当，尽量不要在连续的轮廓中安排切入和切出或换刀及停顿
先近后远	一般情况下，特别是在粗加工时通常安排离对刀点近的部位先加工，离对刀点远的部位后加工，以便缩短刀具移动距离，减少空行程时间
先内后外	对既要加工内表面(内型、内腔)，又要加工外表面的零件，通常应安排先加工内型和内腔，后加工外表面
走刀路线最短	加工路线的确定首先必须保证被加工零件的尺寸精度和表面质量，其次考虑数值计算简单、走刀路线尽量短、效率较高等。数控加工的进给路线重点是确定粗精加工及空行程的进给路线。在保证加工质量的前提下，使加工程序具有最短的走刀路线，可以节省时间，还能减少一些不必要的刀具消耗及机床进给机构滑动部件的磨损等

3. 数控车床选择

数控车床品种繁多、规格不一，其常见分类和特点如表 3-4 所示，实际中可依据该表按照加工对象和要求以及数控车床的特点来实现对数控车床的选取。

表 3-4　数控车床的常见分类和特点

分类方法	类型	特点	适宜加工对象
按数控车床主轴位置分类	立式数控车床	主轴垂直于水平面，并有一个直径很大的圆形工作台供装夹工件用	用于加工径向尺寸较大、轴向尺寸较小的大型、复杂零件
	卧式数控车床	分为数控水平导轨卧式车床和数控倾斜导轨卧式车床(其倾斜导轨结构可以使车床具有更大的刚性并易于排除切屑)	用于加工径向尺寸较小的轴、盘类的中小型零件

分类方法	类型	特点	适宜加工对象
按加工零件的基本类型分类	盘式数控车床	车床未设置尾座，其夹紧方式多为电动液压控制	主要用于车削盘类（含短轴类）零件
	顶尖式数控车床	车床设置有普通尾座或数控尾座	主要用于车削较长的轴类零件及直径不太大的盘、套类零件
	经济型数控车床	车床一般有单显 CRT 程序储存和编辑功能，多采用开环或半闭环控制，主电动机仍采用普通三相异步电动机，所以其显著缺点是没有恒线速度切削功能	没有恒线速度切削功能，适宜加工一般要求的回转类零件
	全功能数控车床	车床主轴一般采用能调速的直流或交流主轴控制单元来驱动，进给采用伺服电动机，半闭环或闭环控制，能够实现三轴联动，具备恒线速度切削和刀尖圆弧半径自动补偿功能，能同时完成车、钻、铣加工	具备恒线速度切削功能，适宜加工各种形状复杂的轴、套、盘类零件
	高精度数控车床	车床的主轴采用超精密空气轴承，进给采用超精密空气静压导向面，主轴与驱动电动机采用磁性联轴器等。床身采用高刚性厚壁铸铁，中间填砂处理，支撑也采用空气弹簧三点支撑	适宜加工需要镜面加工，并且形状、尺寸精度都要求很高的零部件
	高效率数控车床	车床主要有一个主轴、两个回转刀架及两个主轴、两个回转刀架等形式，主轴为无级调速，可根据加工工艺要求自动变速，换刀高速准确，主轴和回转刀架能同时工作，可通过液压或气动系统实现工件快速定位夹紧，提高了机床加工效率	适宜于需要连续加工的棒、盘、套类零件
	车削中心	车床上有刀具库和 C 轴控制，除了能车削、镗削外，还能对端面和圆周面上任意部位进行钻、铣、攻螺纹等加工，而且在具有插补的情况下，还能实现曲面铣削	主要用于加工需要多种不同工艺加工才能完成的零件

4. 工件装夹方案的确定

在数控车床上加工工件时，要尽量选用已有的通用夹具装夹，且应注意减少装夹次数，尽量做到在一次装夹中能把大部分表面或零件上所有要加工的表面都加工出来。零件定位基准应尽量与设计基准重合，以减少定位误差对尺寸精度的影响。

数控车床多采用自定心卡盘装夹工件，轴类工件还可采用尾座顶尖支持工件。数控车床主轴转速极高，为便于工件夹紧，多采用液压高速动力卡盘，因为其在生产厂已通过了严格的平衡实验，所以具有高转速、高夹紧力、高精度、调爪方便、通孔、使用寿命长等优点。还可使用软爪夹持工件，软爪弧面由操作者随机配制，可获得理想的夹持精度。通过调整油缸压力，可改变卡盘夹紧力，以满足夹持各种薄壁和易变形工件的特殊需要。为减少细长轴加工时受力变形、提高加工精度及加工带孔轴类工件内孔，可采用液压自动定心中心架，定心精度可达 0.03 mm。

5. 刀具选择

数控车床加工时，能根据程序指令实现全自动换刀。为了缩短数控车床的准备时间，适应柔性加工要求，数控车床对刀具提出了更高的要求，不仅要求刀具精度高、刚性好、耐用度高，而且要求安装、调整、刃磨方便，断屑及排屑性能好。

1）数控车刀的类型

车刀主要用于回转表面的加工，如内外圆柱面、圆锥面、圆弧面、螺纹等切削加工。常用车刀的种类、形状和用途如图 3-2 所示。

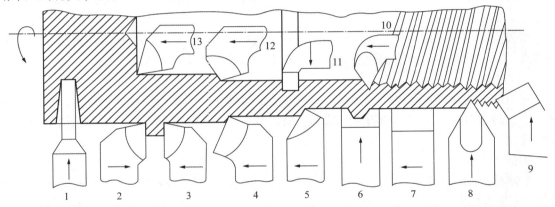

1—切断(槽)刀；2—90°左偏刀；3—90°右偏刀；4—弯头车刀；5—直头车刀；6—成型车刀；7—宽刃精车刀；8—外螺纹车刀；9—端面车刀；10—内螺纹车刀；11—内槽车刀；12—通孔车刀；13—盲孔车刀。

图 3-2　常用车刀的种类、形状和用途

车刀刀片的材料主要有高速钢、硬质合金、涂层硬质合金、陶瓷、立方氮化硼和金刚石等，在数控车床中应用最多的是硬质合金和涂层硬质合金刀片。一般使用机夹可转位硬质合金刀片以方便对刀。

2）对刀点和换刀点

数控车削加工一个零件时，往往需要几把不同的刀具，而每把刀具在安装时是根据数控车床装刀要求安放的，当它们转至切削位置时，其刀尖所处的位置各不相同。但是，数控系统要求在加工一个零件时，无论使用哪一把刀具，其刀尖位置在切削前均应处于同一点，否则，零件加工程序就缺少一个共同的基准点。为使零件加工程序不受刀具安装位置给切削带来的影响，必须在加工程序执行前，调整每把刀的刀尖位置，使刀架转位后，每把刀的刀尖位置都重合在同一点，这一过程称为数控车床的对刀。

（1）刀位点。

刀位点是刀具的基准点，一般是刀具上的一点，也是对刀和加工的基准点。常用车刀的刀位点如图 3-3 所示。尖形车刀的刀位点为假想刀尖点，圆形车刀的刀位点为圆弧中心，数控系统控制刀具的运动轨迹，就是控制刀位点的运动轨迹。刀具的轨迹是由一系列有序的刀位点位置和连接这些位置点的直线或圆弧组成的。

图 3-3 常用车刀的刀位点

（2）起刀点。

起刀点为加工程序开始时刀尖点的起始位置，经常也将它作为加工程序运行的终点。

（3）对刀点。

对刀点是用来确定刀具与工件的相对位置关系的点，是确定工件坐标系与机床坐标系关系的点。对刀就是将刀具的刀位点置于对刀点上，以建立工件坐标系。

（4）对刀。

对刀的目的是确定程序原点在机床坐标系中的位置，对刀点可以设在零件上、夹具上或机床上，对刀时应使对刀点与刀位点重合。对刀的方法较多，这里介绍常用的试切对刀及用 G50 设置工件零点。

①试切对刀。

X 轴对刀：在点动工作操作下，以较小的进给率试切工件外圆再沿 Z 轴方向退出刀具（保持 X 轴坐标不变），停止主轴转动，测量被加工外圆的直径 D。选择 OFFSET 菜单→补正→形状→选择需要的刀的编号→输入 X D（直径）→按〈测量〉键，X 轴对刀结束。

Z 轴对刀：在手轮工作操作方式下，以较小的进给率试切工件的右端面，此时不要移动刀具保证 Z 坐标不变。选择 OFFSET 菜单→补正→形状→选择需要的刀的编号→输入 Z0→按〈测量〉键，Z 轴对刀结束。

②用 G50 设置工件零点。

a. 用外圆车刀先试车一外圆，测量外圆直径后，把刀沿 Z 轴正方向后退一些，切端面到中心（X 轴坐标减去直径值）。

b. 选择 MDI 方式，输入 G50 X0 Z0，按〈START〉键，把当前点设为零点。

c. 选择 MDI 方式，输入 G00 X150 Z150，使刀具离开工件进刀加工。

d. 这时程序开头为 G50 X150 Z150 …。

e. 注意：用 G50 X150 Z150，起点和终点必须一致即 X150 Z150，这样才能保证重复加工不乱刀。

f. 如用第二参考点 G30，则能保证重复加工不乱刀，这时程序开头为 G30 U0 W0 G50 X150 Z150。

（5）换刀点。

换刀点是数控加工程序中指定用于换刀的位置点。在数控加工中，需要经常换刀，所以

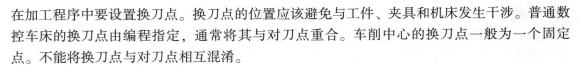

在加工程序中要设置换刀点。换刀点的位置应该避免与工件、夹具和机床发生干涉。普通数控车床的换刀点由编程指定，通常将其与对刀点重合。车削中心的换刀点一般为一个固定点。不能将换刀点与对刀点相互混淆。

6. 进给路线规划

进给路线一般指刀具从起刀点(或机床固定原点)开始运动，直至返回该点并结束加工程序所经过的路径，包括切削加工的路径以及刀具切入、切出等非切削空行程。确定进给路线主要在于确定粗加工及空行程的进给路线，精加工切削过程的进给路线基本上都是沿其零件轮廓顺序进行的。粗加工主要有 3 种不同的加工路线，如图 3-4 所示。

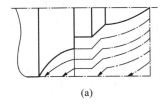 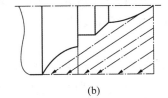 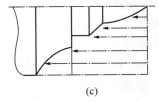

(a)   (b)   (c)

图 3-4 粗加工进给路线图

(a)沿工件轮廓进给；(b)"三角形"进给；(c)"矩形"进给

经分析和判断后可知，"矩形"进给路线的进给长度综合最短，因此，在同等条件下，其切削所需时间(不含空行程)最短，刀具的损耗最小。

确定最短的空行程进给路线除了依靠大量的实践经验外，还应善于分析，必要时辅以一些简单计算，例如，图 3-5(b)比(a)的空行程路线就短了很多。

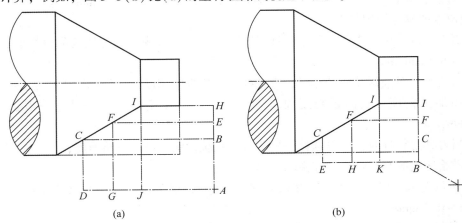

(a)   (b)

图 3-5 空行程路线

(a)路线长；(b)路线短

7. 切削用量选择

数控车床加工中的切削用量包括：背吃刀量、进给速度或进给量、主轴转速或切削速度(用于恒线速切削)。选择切削用量时，粗车应首先考虑选择一个尽可能大的背吃刀量 a_p，其次选择一个较大的进给量 f，最后确定一个合适的切削速度 v_c。增大背吃刀量 a_p 可使走刀次数减少，增大进给量 f 有利于断屑。因此，根据以上原则选择粗车切削用量对于提高生产效率、减少刀具消耗、降低加工成本是有利的。精车时，加工精度和表面粗糙度要求较高，加工余量不大且较均匀，在选择精车切削用量时，应着重考虑如何保证加工质量，并在此基础上尽量提高生产率。精车时应选用较小（但不要太小）的背吃刀量 a_p 和进给量 f，并选用切削性能高的刀具材料和合理的几何参数，以尽可能提高切削速度 v_c。

1）背吃刀量的确定

在工艺系统刚性和机床功率许可的条件下，尽可能取大的背吃刀量，以减少走刀次数。当余量过大、工艺系统刚性不足时可分次切除余量，各次的余量按递减原则确定；当零件的精度要求较高时，应考虑半精加工。背吃刀量确定时，参考如下内容。

（1）在工件表面粗糙度值要求为 Ra 12.5~25 μm 时，如果数控加工的加工余量小于 5 mm，则粗加工一次进给就可以达到要求。但在余量较大，工艺系统刚性较差或机床动力不足时，可分多次进给完成。

（2）在工件表面粗糙度值要求为 Ra 3.2~12.5 μm 时，可分粗加工和半精加工两步进行。粗加工时的背吃刀量选取同前。粗加工后留 0.5~1.0 mm 余量，在半精加工时切除。

（3）在工件表面粗糙度值要求为 Ra 0.8~3.2 μm 时，可分粗加工、半精加工、精加工三步进行。半精加工时的背吃刀量取 1.5~2 mm。精加工时背吃刀量取 0.3~0.5 mm。

2）进给速度的确定

进给速度是指在单位时间内，刀具沿进给方向移动的距离（mm/min），有些数控车床规定可以选用进给量（mm/r）表示进给速度。进给速度 v_f 和进给量 f 之间的关系为

$$v_f = f \times n$$

式中，v_f 为进给速度（mm/min）；n 为主轴转速（r/min）；f 为进给量（mm/r）。

进给速度的确定原则如下：

（1）当工件的质量要求能够得到保证时，为提高生产效率可选择较高的进给速度，一般选取 100~200 mm/min；

（2）当切断、车削深孔或精车时，宜选择较低的进给速度，一般选取 20~60 mm/min；

（3）当加工精度、表面粗糙度要求较高时，进给速度应选低一些，一般选取 20~60 mm/min；

（4）当刀具空行程时，可以选择该机床数控系统设定的最高进给速度；

（5）进给速度应与背吃刀量和主轴转速相适应。

进给量的选取一般是粗车时选择 0.3~0.8 mm/r，精车时选择 0.1~0.3 mm/r，切断时选择 0.05~0.2 mm/r。

3）主轴转速的确定

在实际生产中，主轴转速可用下式计算：

$$n = 1\ 000\ v_c / (\pi d)$$

式中，n 为主轴转速（r/min）；v_c 为切削速度（m/min）；d 为零件待加工表面的直径（mm）。

在确定主轴转速时，需要先确定其切削速度，而切削速度又与背吃刀量和进给量有关。高速钢及硬质合金车刀切削速度的选取参考表如表 3-5 所示。

表 3-5　高速钢及硬质合金车刀切削速度的选取参考表

零件材料	刀具材料	a_p/mm			
		0.38 ~ 0.13	2.40 ~ 0.38	4.70 ~ 0.40	9.50 ~ 4.70
		$f/(mm \cdot r^{-1})$			
		0.13 ~ 0.05	0.38 ~ 0.13	0.76 ~ 0.38	1.30 ~ 0.76
		$v_c/(m \cdot min^{-1})$			
低碳钢	高速钢	—	70 ~ 90	45 ~ 60	20 ~ 40
	硬质合金	215 ~ 365	165 ~ 215	120 ~ 165	90 ~ 120
中碳钢	高速钢	—	45 ~ 60	30 ~ 40	15 ~ 20
	硬质合金	130 ~ 165	100 ~ 130	75 ~ 100	55 ~ 75
灰铸铁	高速钢	—	35 ~ 45	25 ~ 35	20 ~ 25
	硬质合金	135 ~ 165	105 ~ 135	75 ~ 105	60 ~ 75
黄铜青铜	高速钢	—	85 ~ 105	70 ~ 85	45 ~ 70
	硬质合金	215 ~ 245	185 ~ 215	150 ~ 185	120 ~ 150
铝合金	高速钢	105 ~ 150	70 ~ 105	45 ~ 70	40 ~ 45
	硬质合金	215 ~ 300	135 ~ 215	90 ~ 135	60 ~ 90

8. 数控车削加工工艺文件制作

数控车削加工工艺文件主要有：数控编程任务书、数控车削工件装夹和加工原点设定卡、数控车削工序卡、数控车削刀具卡、数控车削走刀路线图等。文件格式可根据企业实际情况自行设计。

3.3　阶梯轴数控车削编程与加工

3.3.1　阶梯轴加工方法

阶梯轴是支撑转动零件并与之一起回转以传递运动、扭矩或弯矩的机械零件，其长度大于直径，一般由同心轴的外圆柱面、圆锥面、内孔、螺纹及相应的端面组成。

加工时需要注意零件表面粗糙度、位置精度、几何形状精度、尺寸精度等。一般与传动件相配合的轴径表面粗糙度要求为 Ra 2.5 ~ 0.63 μm，与轴承相配合的支承轴颈的表面粗糙度要求为 Ra 0.63 ~ 0.16 μm；阶梯轴的位置精度要求主要是由轴在机械中的位置和功用决定的，通常应保证装配传动件的轴颈对支承轴颈的同轴度要求，否则会影响传动件（齿轮等）的传动精度，产生噪声；普通精度的轴，其配合轴段对支承轴颈的径向圆跳动一般为0.01 ~ 0.03 mm，高精度轴则通常为 0.001 ~ 0.005 mm；阶梯轴的几何形状精度主要是指轴颈、外锥面、莫氏锥孔等的圆度、圆柱度等，一般应将其公差限制在尺寸公差范围内，对精度要求较高的内外圆表面，应在图纸上标注其允许偏差；对于阶梯轴中起支承作用的轴颈，为了确定轴的位置，通常对其尺寸精度要求较高（IT5～IT7），装配传动件的轴颈尺寸精度一般要求较低（IT6～IT9）。

阶梯轴外圆加工可分为车削加工、磨削加工、滚压加工等；根据表面加工精度可分为粗加工、精加工、超精加工等。其具体加工方法及可达到的精度等级如表3-6所示。

表3-6　阶梯轴外圆加工方法及可达到的精度等级

序号	加工方法	精度等级	表面粗糙度/μm	适用范围
1	粗车	IT11～IT13	12.5～50	适用于淬火钢外的各种金属加工
2	粗车-半精车	IT8～IT10	3.2～6.3	
3	粗车-半精车-精车	IT7～IT8	0.8～1.6	
4	粗车-半精车-精车-滚压	IT7～IT8	0.025～0.2	
5	粗车-半精车-磨削	IT7～IT8	0.4～0.8	主要用于淬火钢加工，也可用于未淬火钢加工，但不宜用于有色金属
6	粗车-半精车-粗磨-精磨	IT6～IT7	0.1～0.4	
7	粗车-半精车-粗磨-精磨-超精加工	IT5	0.012～0.1	
8	粗车-半精车-精车-精细车	IT6～IT7	0.025～0.4	主要用于要求较高的有色金属加工
9	粗车-半精车-粗磨-精磨-超精磨	IT5以上	0.006～0.025	极高精度的外圆加工
10	粗车-半精车-粗磨-精磨-研磨	IT5以上	0.006～0.1	

3.3.2　含圆锥面阶梯轴

数控车削加工阶梯轴中的圆锥时，锥度较小的圆锥面只用数控指令G01编程即可完成。锥度较大的圆锥面若一次走刀就把圆锥加工出来，背吃刀量太大，容易打刀。实际车削大锥度圆锥时需要多次走刀，先将大多余量切除，最后车成所需圆锥。这样，在车削大余量圆锥时必须确定它们的加工路线。车正锥的常用加工路线如图3-6所示。

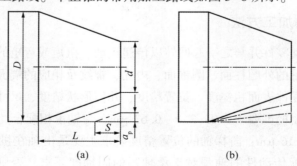

图3-6　车正锥的常用加工路线

（a）平行法；（b）终点法

图 3-6（a）为平行法车正锥的加工路线。平行法车正锥时，刀具每次切削的背吃刀量相等，切削运动的距离较短。采用这种加工路线时，加工效率较高，但需要计算终刀距离 S。假设锥的大端直径为 D，小端直径为 d，锥的长度为 L，背吃刀量为 a_p，根据三角形的相似性，可得

$$(D - d)/(2L) = a_p/S$$

即

$$S = 2La_p/(D-d)$$

图 3-6（b）为终点法车削正锥时的加工路线。终点法车正锥时，不需要计算终刀距离 S，计算方便，但在每次切削中，背吃刀量是变化的，而且切削运动的路线较长，容易引起工件表面粗糙度不一致。车倒锥的原理与车正锥相同。

例 3-1：加工图 3-7 所示圆锥形零件，毛坯为 $\phi30$ mm×80 mm 的圆形棒料，编写数控加工程序。

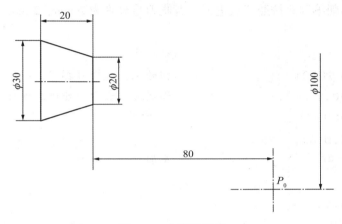

图 3-7　车圆锥实例

分析：根据图中尺寸可确定单边加工余量为 5 mm，分三次进刀，前两次分别为 2 mm，第三次为 1 mm。按照平行法车削正锥，计算三次终刀距离分别为

$$S_1 = 2La_p/(D - d) = 8 \text{ mm}$$

$$S_2 = 2La_p/(D - d) = 16 \text{ mm}$$

$$S_3 = 2La_p/(D - d) = 20 \text{ mm}$$

数控加工程序如下：

```
O001;                          程序名
N00 G21 G40 T0101
N01 G50 X100.0 Z80.0;          设定右端面中心处为工件坐标系原点
N02 M04 S1000;
N03 G00 X33.0 Z0;
N04 G01 X0 F90;                车削端面至中心
N05 Z3.0;
N06 G00 X28.0;
```

N07 G01 Z0 F100;

N08 G01X30.0 Z-8.0;   车削第一层

N09 G00 Z0;

N10 G01 X22.0 F100;

N11 X30.0Z -16.0;   车削第二层

N12 G00 Z0;

N13 G01 X20.0 F100;

N14 G01 X30.0 Z-20.0;   车削第三层

N15 G00 X100.0 Z80.0;

N16 M05;

N17 M02;

按照终点法车削编程。按照三次进刀，背吃刀量分别为 2 mm、2 mm、1 mm。加工程序如下：

O002;   程序名

N00 G21 G40 T0101   初始化，选择刀具

N01 G50 X100.0 Z80.0;   设定右端面中心处为工件坐标系原点

N02 M04 S1000;

N03 G00 X33.0 Z0;

N04 G01 X0 F90;   车削端面至中心

N05 Z3.0;

N06 G00 X26.0;

N07 G01 Z0 F100;

N08 G01 X30.0 Z-20.0;   车削第一层

N09 G00 Z0;

N10 G01 X22.0 F100;

N11 G01X30.0 Z-20.0;   车削第二层

N12 G00 Z0;

N13 G01 X20.0 F100;

N14 G01X30.0 Z-20.0;   车削第三层

N15 G00 X100.0 Z80.0;

N16 M05;

N17 M02;

例 3-2：加工图 3-8 所示含圆锥面阶梯轴零件，毛坯为 $\phi40$ mm×100 mm 的棒料，材料为 45 钢，编写数控车削加工程序。

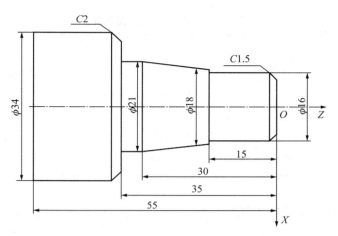

图 3-8　含圆锥面阶梯轴

（1）零件图分析。

该零件表面由三段圆柱、一段圆锥面及两处倒角组成，具体尺寸如图 3-8 所示。零件的最大外径为 34 mm，最小外径为 16 mm，长度为 55 mm，尺寸精度不高。选取毛坯为 ϕ40 mm×80 mm 的圆棒料，材料为 45 钢，无热处理和硬度要求。

（2）加工工艺分析。

①装夹与定位。

该阶梯轴零件为短轴类零件，其轴心线为工艺基准。用自定心卡盘夹持 ϕ40 mm 毛坯外圆左端，使工件伸出卡盘约 60 mm，一次装夹完成粗、精加工，最后采用切断刀切断。

②工步顺序。

该零件结构要素有圆柱面、圆锥面、倒角等，表面有一定的粗糙度要求，故分为粗加工和精加工两个阶段。工件坐标系定在右端面中心处。按先主后次、先粗后精的加工原则确定加工路线，从右端至左端轴向进给切削。先进行外轮廓粗加工，再精加工，工步顺序安排如下：

a. 手动车削右端面，并对刀（图中右端面中心处建立工件坐标系）；

b. 粗车 ϕ34 mm 外圆，留 0.5 mm 精车余量；

c. 粗车 ϕ21 mm 外圆，留 0.5 mm 精车余量；

d. 粗车 ϕ16 mm 外圆，留 0.5 mm 精车余量；

e. 精车 C1.5 倒角、ϕ16 mm 外圆；

f. 精车锥面、ϕ21 mm 外圆；

g. 精车 C2 倒角、ϕ34 mm 外圆；

③选择刀具及确定切削用量，如表 3-7 所示。

表 3-7　刀具及切削用量选择

操作序号	工步	T 刀具	刀具名称	切削用量			装夹方式
				主轴转速/ (r·min⁻¹)	进给量/ (mm·r⁻¹)	背吃刀量/ mm	
2	粗车外轮廓	T0101	外圆车刀	1200	0.4	2~4.5	自定心卡盘装 夹，外伸 60 mm 左右，对刀
3	精车外轮廓	T0101	外圆车刀	1200	0.2	0.5	

（3）数控加工程序。

为便于编程，在图中确定各基点，如图 3-9 所示。粗加工采用 G90 固定循环指令提高编程效率。程序如下：

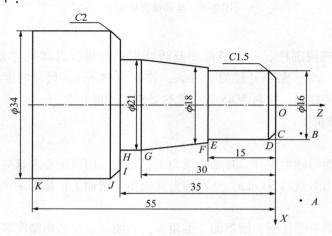

图 3-9　基点坐标图

O0002;	程序名
N05 G21G40G18;	初始化
N10 M03 S1200;	准备程序
N20 T0101;	
N30 G00 X43 Z5;	定位起点 A
N40 G90 X38 Z-54.5 F0.4;	第一刀粗车，背吃刀量为 1 mm
N50 X34.5;	第二刀粗车，背吃刀量为 1.75 mm
N60 X30 Z-34.5;	第三刀粗车，背吃刀量为 2.25 mm
N70 X26 Z-34.5;	第四刀粗车，背吃刀量为 2 mm
N80 X21.5 Z-34.5;	第五刀粗车，背吃刀量为 2.25 mm
N90 X18.5 Z-14.5;	第六刀粗车，背吃刀量为 1.5 mm
N100 X16.5 Z-14.5;	第七刀粗车，背吃刀量为 1 mm
N110 G00 X13;	定位到点 B，
N120 G01 Z0 F0.2;	从点 B 至点 C，精车程序开始

N130 X16 Z-1.5；　　　　　　　　从点 C 至点 D，精车 C1.5 倒角

N140 Z-15；　　　　　　　　　　从点 D 至点 E

N150 X18；　　　　　　　　　　从点 E 至点 F

N160 X21 Z-30；　　　　　　　　从点 F 至点 G，圆锥切削

N170 Z-35；　　　　　　　　　　从点 G 至点 H

N180 X30；　　　　　　　　　　从点 H 至点 I

N190 X34 Z-37；　　　　　　　　从点 I 至点 J，精车 C2 倒角

N200 Z-55；　　　　　　　　　　从点 J 至点 K

N210 X43；　　　　　　　　　　退刀

N220 G00 X100 Z200；　　　　　　返回

N225 M05；

N230 M30；

3.3.3　含圆弧面阶梯轴

　　卧式数控车床分为前置刀架数控车床和后置刀架数控车床。由于两者机床坐标系的坐标轴方向不同，因此工件坐标系的确定也有所不同，这直接决定了在圆弧插补时如何确定是顺圆弧插补还是逆圆弧插补，对正确判断顺、逆圆弧至关重要。

　　前置刀架数控车床工件坐标系如图 3-9（a）所示，根据右手笛卡尔定则可判断其+Y 的方向是垂直平面向里，用圆内十字交叉表示。在该平面内插补圆弧，沿着+Y 由正方向向负方向看，刀具相对于工件的转动方向是顺时针方向用 G02，如图 3-10（b）所示；逆时针方向用 G03，如图 3-10（c）所示。

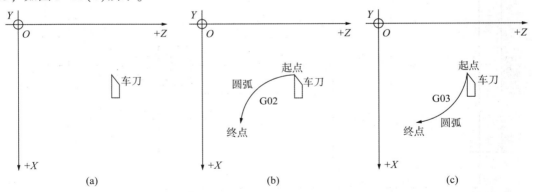

图 3-10　前置刀架数控车床工件坐标系

　　图 3-11（a）为后置刀架数控车床工件坐标系，根据右手笛卡尔定则可判断其+Y 的方向是垂直平面向里，用圆内小圆黑点表示。在该平面内插补圆弧，沿着+Y 由正方向向负方向看，刀具相对于工件的转动方向是顺时针方向用 G02，如图 3-11（b）所示；逆时针方向用 G03，如图 3-11（c）所示。

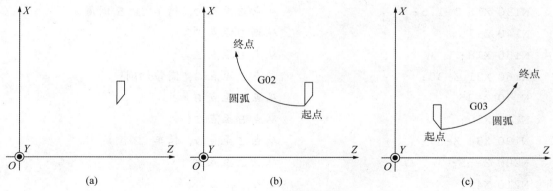

图 3-11　后置刀架数控车床工件坐标系

在数控车床上切削加工同一段圆弧，从不同的方向运行刀具进行切削，就有顺时针和逆时针之别。只要正确地理解并掌握了上述内容，就能正确地运用顺时针圆弧插补指令 G02 和逆时针圆弧插补指令 G03，熟练编写出加工工件的程序。

例 3-3：在后置刀架数控车床上加工图 3-12 所示零件，毛坯为 ϕ63 mm×180 mm 棒料，材料为 45 钢，编写数控加工程序。

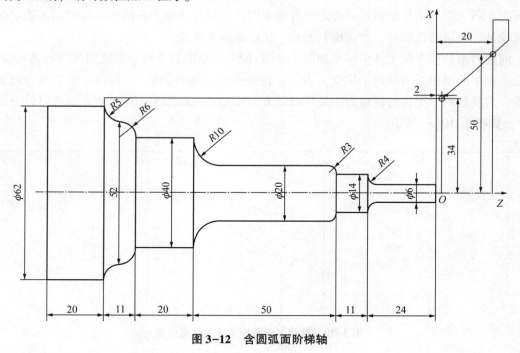

图 3-12　含圆弧面阶梯轴

（1）零件图分析。

如图 3-12 所示，该零件表面由圆柱、顺圆弧面和逆圆弧面组成。零件的最大外径为 62 mm，长度为 136 mm，选取毛坯为 ϕ63 mm×180 mm 的圆棒料，材料为 45 钢，无热处理和硬度要求。

（2）加工工艺分析。

①加工设备选取。

根据被加工零件的外形和材料等条件，选用 CK6136 数控车床。

②确定零件的定位基准和夹装方式。

a. 定位基准：确定坯料轴线和右端面为定位基准。

b. 夹装方法：采用自定心卡盘自定心夹紧。

③确定加工顺序和进给路线

加工顺序遵循由粗到精、由近到远（由右到左）的原则，即先从右到左粗车各面，然后从右到左精车各面。

④刀具选择。

刀具材料为硬质合金。将选定的刀具参数填入数控加工刀具卡中，如表3-8所示。

表3-8 数控加工刀具卡

产品名称或代号			零件名称		零件图号	
序号	刀具号	刀具规格名称	数量	加工表面	备注	
1	T01	硬质合金外圆车刀	1	粗、精车外圆		

⑤确定切削用量。

确定切削用量，填写数控加工工序卡，如表3-9所示。

表3-9 数控加工工序卡

单位名称		产品名称或代号		零件名称		零件图号	
				轴1			
工序号	程序编号	夹具名称		使用设备		车间	
		自定心卡盘		车床			
工步号	工步内容	刀具号	刀具长/mm	主轴转速/$(r \cdot min^{-1})$	进给量/$(mm \cdot r^{-1})$	背吃刀量/mm	备注
1	粗车外圆	T01	150	800	0.1	2	
2	精车外轮廓	T01	150	800	1.3	0.1	

（3）数控加工程序如下：

N0010 G50 G00 X100 Z20 S800 M03;

N0015 T0101;

N0021 G00 X64 Z2;   确定循环点

N0022 G71 U1 R0.5;

N0030 G71 P60 Q160 U0.2 W0.03 F0.1;粗加工

N0060 G00 X6.0 Z2.0;   精加工开始

N0070 G01 Z-20 F1.3;

N0080 G02 X14.0 Z-24.0 R4.0;

N0090 G01 W-11.0;

N0100 G03 X20.0 W-3.0 R3.0;

N0110 G01 W-37.0;

N0120 G02 X40.0 W-10.0 R10.0;

N0130 G01 W-20.0;

```
N0140 G03 X52.0 W-6.0 R6.0;
N0150 G02 X62 W-5.0 R5.0;
N0160 G01 W-20;                    精加工结束
N0170 G70 P60 Q0160;               该程序段不可缺，否则不执行N0060~N0160
                                   精加工
N0180 G00 X100 Z20;
N0190 M05;
N0200 M02;
```

3.4 轴类零件环形槽数控车削编程与加工

3.4.1 轴类零件环形槽分类与功能

在机械零件加工中，轴类零件环形槽结构应用广泛，其加工技术是机械加工领域一项重要技术。环形槽种类很多，应用最多的有密封环形槽、退刀槽、越程槽。

密封环形槽是用来安装橡胶密封圈的槽，这类环形槽要求有较高的尺寸精度、光洁度，无毛刺、飞边等影响密封效果的缺陷。其宽度较窄，一般只有 1~30 mm，深度一般为 2~15 mm，加工难度较大。

退刀槽是在车削加工中，如车削内孔、车削螺纹时，为便于退出刀具并将工序加工到毛坯底部，常在待加工面末端，预先制出退刀的空槽。车螺纹的时候，工件旋转和车刀的轴向进给是机械联动的，当车到尾部时，车刀径向退出，此时工件仍在旋转，车刀仍在轴向进给，故而有一段没用的螺纹尾巴。很多情况下不希望有这段尾巴，于是就在车螺纹之前将产生尾巴的那一段车出一个槽，其直径小于螺纹小径，长度足够将车刀退出。

越程槽是指在磨削加工时由于工艺上的要求提前加工出的环形槽。砂轮的柱面和端面之间有个圆角，这个角很难控制，并且不稳定，工艺上没法利用，在需要磨台阶轴的外径和台阶端面时，夹角处没法磨到所需的精度和粗糙度，于是就在外径和台阶相交处将二者的根部各车去一些，形成的槽就是砂轮越程槽，简称越程槽。退刀槽和越程槽是在轴的根部和孔的底部做出的环形沟槽。沟槽的作用一是保证加工到位，二是保证装配时相邻零件的端面靠紧。一般用于车削加工（如车外圆，镗孔等）的叫退刀槽，用于磨削加工的叫越程槽。

3.4.2 单沟槽零件加工

对于宽度、深度值相差不大，精度要求不高的槽，可采用与槽等宽的刀具直接切入、一次成形的方法加工。刀具切入槽底后可利用延时指令，作短暂停留，以修正槽底圆柱度，退出时若有必要可采用进给速度退刀。当槽宽度尺寸较大（大于切槽刀刀头宽度）时，应采用多次进刀法加工，并在槽底及槽壁两侧留有一定精车余量，最后在槽底进行光整加工。

例 3-4：图 3-13 所示零件的毛坯为 ϕ40 mm×100 mm 的铝合金棒料，编写出加工图中所示环形槽的数控加工程序。

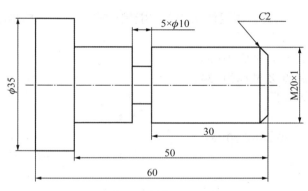

图 3-13　单槽加工实例

（1）零件图分析。

该零件属短轴类零件，环形槽为重点加工内容，铝合金棒料，无热处理和硬度要求。

（2）加工工艺分析。

①毛坯选择。

根据图纸要求选择毛坯为 $\phi40$ mm×100 mm 的铝合金棒料。

②装夹与定位。

该单沟槽轴零件为短轴类零件，其轴心线为工艺基准，用自定义卡盘夹持 $\phi40$ mm 外圆左端，使工件伸出卡盘约 70 mm，一次装夹完成粗、精加工。

③工步顺序。

按先主后次、先粗后精的加工原则确定加工路线，从右端至左端轴向进给切削。先进行外轮廓粗加工，再精加工，然后进行切槽。

a. 手动车削端面；

b. 粗车 $\phi35$ mm 外圆，留 0.5 mm 精车余量；

c. 粗车 $\phi20$ mm 外圆，留 0.5 mm 精车余量；

d. 精车 C2 倒角；

e. 精车 $\phi20$ mm 和 $\phi35$ mm 外圆到尺寸；

f. 切槽。

④选择刀具及确定切削用量，如表 3-10 所示

表 3-10　刀具及切削用量选择

操作序号	工步	T 刀具	刀具名称	切削用量			装夹方式
				主轴转速/ （r·min^{-1}）	进给量/ （mm·r^{-1}）	背吃刀量/ mm	
1	加工端面	T0101	外圆车刀	400			自定心卡盘装夹，外伸 70 mm 左右，对刀
2	粗车外轮廓	T0101	外圆车刀	1 000	0.3	2	
3	精车外轮廓	T0101	外圆车刀	1 000	0.1	0.5	
4	切槽	T0202	槽刀 4 mm	400	0.05		

⑤槽刀进给次数分析。

根据前面的刀具选择和切削用量的分析，本次加工选择槽刀宽度为 4 mm，而图 3-13 所

示零件中槽宽为5 mm，因此，需要两次进刀才能完成槽的加工。具体计算分析如下（选择右端面中心处为工件坐标系原点）：

第一刀进刀切削起点Z坐标为-35；

第二刀进刀切削起点Z坐标为-34；

（3）数控加工程序如下：

O0006；	程序名
N0011 G50G00X100Z20S800M03；	
N0012 T0101；	粗精车外圆、切槽（使用前对刀）
N0013 G00X42Z0；	
N0014 G90X38Z-60F100；	外圆粗加工循环
N0015 X35Z-60；	
N0016 X32Z-50；	
N0017 X30Z-50；	
N0018 X27Z-50；	
N0019 X24Z-50；	
N0020 X20.5Z-50；	
N0021 X20.0Z-50；	精加工
N0022 G00Z1；	
N0023 X14；	
N0024 G01X22Z-3；	切倒角
N0025 G00X100Z20	
N026 M03 S400 T0202；	使用切槽刀，主轴以400 r/min的速度进行正转
N027 G00 X22 Z-35；	设定加工起点
N030 G01 X10 F0.05；	第一刀，进给量为0.05 mm/r
N040 G04 X1；	暂停1 s，修光槽底
N050 G01 X22 F0.5；	退刀，进给量为0.5 mm/r
N060 G00 Z-34；	设定第二次进刀起点
N070 G01 X10 F0.05；	第二刀，进给量为0.05 mm/r
N080 G04 X2；	暂停2 s，修光槽底
N090 G01 Z-35；	光整槽底
N100 X22 F0.5；	退刀，进给量为0.5 mm/r
N110 G00 X100 Z100；	返回换刀点
N120 M05	主轴停
N130 M30；	程序结束

3.4.3　多沟槽零件加工

对于宽度不大，但深度较大的深槽零件，为了避免切槽过程中由于排屑不畅，使刀具前刀面压力过大出现扎刀和折断刀具的现象，应采用分次进刀的方式。刀具在切入工件一定深度后，停止进刀并回退一段距离，达到断屑和退屑的目的，同时注意尽量选择强度较高的刀具。另外，当零件上分布有多个环形沟槽时，编程时为了简化加工程序，通常使用子程序，并存入数控系统的子程序存储器中。主程序在执行过程中，如果需要某一子程序，可通过子程序调用指令调用该子程序，子程序执行完毕后返回主程序，继续执行后面的程序段。

例 3-5：完成图 3-14 所示多槽零件的车削编程，毛坯为 φ65 mm×200 mm 的圆柱棒料。

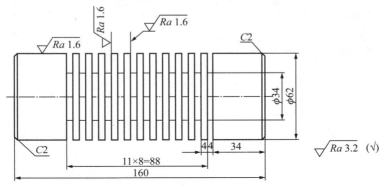

图 3-14　多沟槽零件

(1)零件图分析。

零件外轮廓由外圆柱面、多槽面及倒角组成；零件中部均匀分布 12 个槽，槽深 14 mm，槽宽 4 mm；零件外圆柱面有表面粗糙度的要求，基本尺寸精度要求不高，因此，直接用公称直径编程，遵循先粗后精的原则实施加工。

(2)加工工艺分析。

①装夹方式。

采用自定心卡盘一夹一顶装夹，车削端面后设定右端面中心处为工件坐标系原点。

②加工方法。

从零件结构分析可得，首先，夹紧工件左端，完成零件的外圆、多槽的加工后，切断工件，掉头后车削另一端面并保证工件总长度为 160 mm。

③刀具选择。

轮廓加工采用 93° 外圆机夹车刀，多槽加工采用切槽刀，刀宽 4 mm。填写数控加工工序卡和数控加工刀具卡，如表 3-11 和表 3-12 所示。

表 3-11　数控加工工序卡

工步号	工步内容	切削用量			刀具	
		主轴转速 /(r·min⁻¹)	进给量 /(mm·r⁻¹)	背吃刀量 /mm	编号	名称
1	车削右端面	1 500	0.1		T0101	外圆车刀
2	粗加工外圆轮廓留 0.5 mm 精加工余量	800	0.3	1	T0101	外圆车刀
3	精加工外圆轮廓	1 500	0.1	0.5	T0101	外圆车刀
4	切多槽、切断	600	0.1		T0202	槽刀
5	掉头平左端面、车倒角，保证总长					

表 3-12　数控加工刀具卡

产品名称或代号			零件名称	多槽零件	零件图号	
序号	刀具号	刀具名称及规格	数量	加工表面		
1	T0101	93°外圆车刀	1	车端面，粗、精车外圆		
2	T0202	槽刀（刀宽 4 mm）	1	车多槽、切断		

（3）数控加工程序如下：

O0004；	子程序
N010 G75 R1；	
N020 G75 X34 P5000 F0.1；	切削环形槽
N030 G01 X66；	
N040 W-8；	
N050 M99；	
O7249；	主程序
N010 M03 S1500 M08；	主轴转，切削液开
N020 T0101；	调用 1 号刀具
N030 G00 X200 Z200；	刀具定位至换刀点
N040 X70 Z5；	刀具靠近工件
N050 G94 X-1 Z0 F0.1；	端面切削循环
N060 S800；	
N070 G90 X63 Z-168 F0.2；	粗加工外圆轮廓
N080 S1500；	
N090 G00 X54 Z2；	准备精车倒角
N100 G01 X62 Z-2 F0.1；	精车倒角
N110 Z-160；	精加工外圆轮廓
N120 X68；	
N130 G00 X200 Z200；	
N140 T0202；	换刀准备切槽
N150 S600 F0.1；	
N160 G00 X66 Z-38；	切槽定位
N170 M98 P120004；	切 12 个槽，子程序运行 12 遍
N180 G00 X200 Z200；	
N190 M09；	关闭切削液
N200 M05；	
N210 M02；	

3.4.4　宽槽加工

通常把大于一个切刀宽度的槽称为宽槽，宽槽的宽度、深度的精度要求及表面质量要求相对较高。在切削宽槽时常采用排刀的方式进行粗切，然后用精切刀沿槽的一侧至槽底，精加工槽底至槽的另一侧面，并对另一侧面进行精加工。

例 3-6：完成如图 3-15 所示宽槽零件的数控车削加工编程。

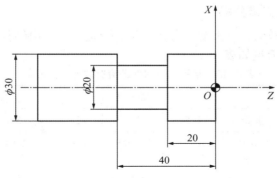

图 3-15　宽槽零件

程序如下：

```
…
G00 X35 Z-24;                          切槽定位
G75 R1;                                切槽
G75 X20 Z-40 P3000 Q3500 F0.1;
…
```

3.5　螺纹数控车削编程与加工

3.5.1　螺纹加工基础

1. 螺纹的主要参数

（1）大径 d：螺纹的公称直径，与外螺纹牙顶（或内螺纹牙底）相重合的假想圆柱体的直径。

（2）小径 d_1：与外螺纹牙底（或内螺纹牙顶）相重合的假想圆柱体的直径。

（3）中径 d_2：一个假想圆柱体的直径，该圆柱母线上牙型沟槽和凸起宽度相等。

（4）螺距 P：相邻两螺纹牙在中径线上对应点间的轴向距离。

2. 螺纹加工相关参数计算

外螺纹大径：$d=$ 公称直径。

实际切削螺纹外圆直径：$d_{实际}=d-0.1P$。

螺纹牙型高度：$h=0.65P$。

螺纹小径：$d_1=d-1.3P$。

3. 螺纹切入切出量的确定

为保证螺纹加工质量，螺纹切削时在两端设置足够的切入切出量，如图 2-31 所示。实际螺纹的加工长度为

$$W = L(螺纹有效长度) + \delta_1 + \delta_2$$

式中，δ_1 为切入量，一般取 2~5 mm；δ_2 为切出量，一般取 $0.5\delta_1$ 左右。

4. 切削次数与背吃刀量分配

车削螺纹时切削量较大，一般要求分数次进给，进刀次数由经验可得，或查表。常用螺纹切削进给次数与背吃刀量如表 3-13 所示。

表 3-13　常用螺纹切削进给次数与背吃刀量 （mm）

公制螺纹							
螺距	1.0	1.5	2.0	2.5	3.0	3.5	4.0
牙深（半径量）	0.649	0.974	1.299	1.624	1.949	2.273	2.598
切削次数及背吃刀量（直径量） 1 次	0.7	0.8	0.9	1.0	1.2	1.5	1.5
2 次	0.4	0.6	0.6	0.7	0.7	0.7	0.8
3 次	0.2	0.4	0.6	0.6	0.6	0.6	0.6
4 次		0.16	0.4	0.4	0.4	0.6	0.6
5 次			0.1	0.4	0.4	0.4	0.4
6 次				0.15	0.4	0.4	0.4
7 次					0.2	0.2	0.4
8 次						0.15	0.3
9 次							0.2

3.5.2　外螺纹车削加工

低速车削外螺纹进刀方式通常有直进法、斜进法等进刀方式，如图 3-16 所示。

直进法是指螺纹车刀刀尖和左右两刃都参与切削，每次切刀由中滑板作径向进给，切削深度应逐渐减小。这种进刀方式能保证螺纹牙型清晰，减少螺纹牙型误差，适用于螺距小于 3 mm 和脆性材料的螺纹车削，数控指令 G92 为直进法进刀方式，如图 3-16（a）所示。

斜进法为单面切削，适用于车削大于 3 mm 的较大螺距、无退刀槽钢件，每次加深吃刀时，中滑板横向进给和小滑板左右进给相配合。它的优点是排屑比较顺利，刀尖受力和受热情况有所改善，不易引起扎刀现象，数控指令 G76 为斜进法进刀方式，如图 3-16（b）所示。

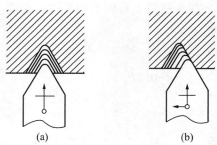

图 3-16　螺纹车削进刀方式

（a）直进法；（b）斜进法

需要注意的是，高速车削外螺纹一般采用直进法。高速车削螺纹时，为了防止切屑使牙侧起毛刺，不宜采用斜进法，以避免左右两个刃的切削力差别大而引起刀具的振动、扭曲，影响螺纹加工质量。

例 3-7：完成图 3-17 所示螺纹轴零件的数控车削加工编程。毛坯为 $\phi36$ mm×90 mm 的圆形棒料，材料为 45 钢。

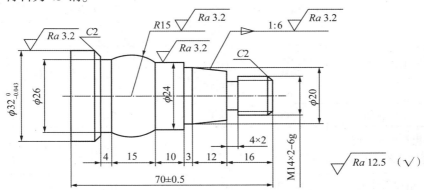

图 3-17　螺纹轴零件

（1）零件图分析。

该零件除圆柱面外有 1∶6 锥面及 R15 球面，M14×2 螺纹。结构尺寸变化不大且有退刀槽，径向尺寸 $\phi32$ mm、$\phi24$ mm 尺寸精度要求较高，所有表面粗糙度不大于 Ra 3.2 μm。

（2）加工工艺分析。

① 装夹方式。

采用自定心卡盘卡住毛坯左端，右端外伸于卡盘 75 mm。

② 工件坐标系原点。

右端回转中心设定为工件坐标系原点。

③ 加工方法。

夹紧左端，一次装夹完成加工、切断，找正总长。

④ 刀具选择。

对于 T0101，选择主偏角 93°外圆车刀粗车外圆与端面；对于 T0202，选择 35°外圆车刀精车外圆；对于 T0303，选择刀宽为 4 mm 槽刀；对于 T0404，选择刀尖角 60°螺纹刀。

⑤ 加工方案。

a. 车削右端面，使端面平整。

b. 粗车外圆（G71），粗车 $\phi32$ mm、$\phi24$ mm、$\phi20$ mm 外圆，圆锥面及预制 M14 外圆柱面，单边留 0.5 mm 精加工余量。

c. 粗车 R15 圆弧面（G73），单边留 0.5 mm 精加工余量。

d. 精车外圆（G70），从右至左精加工各面至尺寸要求。

e. 加工 4×2 螺纹退刀槽。

f. 加工 M14×2 螺纹。

g. 切断、平端面保证总长。

⑥ 填写数控加工工序卡和数控加工刀具卡，如表 3-14 和表 3-15 所示。

表 3-14 数控加工工序卡

数控加工工序卡			产品名称	零件名称	零件图号
				阶梯轴	08
工序号	程序编号	夹具名称	夹具编号	使用设备	车间
		自定心卡盘		CAK6140	
工步号	工步内容	切削用量			刀具		备注
		主轴转速 /(r·min⁻¹)	进给量 /(mm·r⁻¹)	背吃刀量 /mm	编号	名称	

（表头与数据合并后：）

工步号	工步内容	主轴转速 /(r·min⁻¹)	进给量 /(mm·r⁻¹)	背吃刀量 /mm	编号	名称	备注
1	车削端面	1 500	0.1		T0101	外圆车刀	
2	粗车外轮廓留精加工余量 1 mm	900	0.3	2	T0101	外圆车刀	游标卡尺
3	精加工外圆	1 300	0.1	0.5	T0202	外圆车刀	游标卡尺
4	加工退刀槽	400	0.1		T0303	槽刀	游标卡尺
5	加工 M14 螺纹	400	2		T0404	螺纹刀	螺纹千分尺
6	切断	400	0.1		T0303	槽刀	游标卡尺

表 3-15 数控加工刀具卡

产品名称或代号			零件名称	阶梯图	零件图号	08
序号	刀具号	刀具名称及规格	数量	加工表面		备注
1	T0101	93°外圆车刀	1	右端面、外圆		
2	T0202	35°菱刀刀片外圆车刀	1	精加工外圆内凹面		
3	T0303	槽刀（刀宽 4 mm）	1	切槽、切断		
4	T0404	60°角螺纹刀	1	切削螺纹		

（3）数控加工程序如下：

```
N010 G21 M03 S1500 M08;            主轴转，切削液开
N020 T0101;                        调用 1 号刀具
N030 G00 X200 Z200;                刀具定位至换刀点
N040 X38 Z0;                       刀具靠近工件
N050 G01 X-1 F0.1;                 切端面
N060 G00 Z2;
N070 X38;
N080 S900;
N090 G71 U2 R0.5;                  粗加工右侧外圆轮廓
N100 G71 P110 Q210 U1 W0.5 F0.2;
N110 G00 X8 Z1;                    N110～N210 描述外圆轮廓
N120 G01 X14 Z-2;
```

N130 Z-16；

N140 X18；

N150 X20 Z-28；

N160 Z-31；

N170 X30；

N180 Z-60；

N190 X32；

N200 Z-70；

N210 X38；

N220 G00 X200Z200；　　　　　刀具回换刀点

N230 M05；　　　　　　　　　　主轴停

N240 M00；　　　　　　　　　　程序暂停，检测工件

N250 T0202；　　　　　　　　　换 2 号刀具

N260 M03 S800；　　　　　　　主轴转速为 800 r/min

N270 G00 X38 Z-31；　　　　　刀具靠近工件

N280 G73 U3 W3 R2；　　　　　粗车 R15 圆弧轮廓

N290 G73 P300 Q340 U0.5 W0.5 F0.2；

N300 G01 X24 Z-31；　　　　　　N300～N340 描述 R15 圆弧轮廓

N310 Z-41；

N320 G03 X26 Z-56 R15；

N330 G01 Z-60；

N340 X38；

N350 G00 X40 Z2；　　　　　　退刀

N360 M03 S1300；　　　　　　转速设定为 1 300 r/min

N370 G70 P380 Q510；　　　　精车外圆

N380 G00 X8 Z1；　　　　　　描述精加工轮廓

N390 G01 X14 Z-2 F0.1；

N400 Z-16；

N410 X18；

N420 X20 Z-28；

N430 Z-31；

N440 X24；

N450 Z-41；

N460 G03 X26 Z-56 R15；

N470 G01 Z-60；

N480 X28；

N490 X32 Z-62；

N500 Z-70；

N510 X38；

```
N520 G00 X200 Z200;                回换刀点
N530 T0303;                        换槽刀
N540 M03 S400;                     变换转速为 400 r/min
N550 G00 X25 Z-16;                 靠近工件
N560 G01 X10 F0.1;                 切槽
N570 G04 X2;
N580 G01 X25;
N590 G00 X200 Z200;                回换刀点
N600 T0404;                        换螺纹刀
N610 G00 X16 Z2;                   刀具靠近工件
N620 G76 P021060 Q50 R50;          切螺纹
N630 G76 X11.4 Z-14 P1300 Q450 F2;
N640 G00 X25;                      退刀
N650 X200 Z200;                    回换刀点
N651 T0303;                        换切断刀
N652 M03 S400;
N653 G00 X38 Z-74;
N654 G01 X-1.6;                    切断
N655 G00 X200 Z200;                回换刀点
N660 M09;                          关闭切削液
N670 M05;                          主轴停
N680 M02;                          程序结束
```

3.5.3 内螺纹车削加工

内螺纹加工方式较多,对于内孔尺寸相对较大的内螺纹,车削是常用方法之一。与车削外螺纹一样,车削内螺纹的进刀方式有直进法和斜进法两种。

例3-8:如图 3-18 所示内螺纹零件,工件材料为 45 钢,毛坯为 ϕ50 mm×60 mm 棒料,要求完成工件内螺纹加工,毛坯已预制 ϕ20 mm、深 26 mm 底孔。

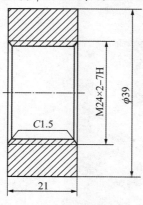

图3-18 内螺纹零件

（1）零件图分析。

根据零件图中螺纹标注可知，零件右端内螺纹为普通细牙螺纹，公称直径为 24 mm，螺距为 2 mm，单线、右旋，螺纹长度为 21 mm，螺纹中、顶径公差带代号为 7H。

（2）加工工艺分析。

用自定心卡盘自定位，一次装夹依次完成外形轮廓粗、精加工，螺纹孔底加工，内螺纹加工，工件坐标系设定在右端面中心处。加工步骤如下：

①G71 循环指令粗加工外形轮廓；

②G70 循环指令精加工外形轮廓；

③G90 指令加工内孔轮廓；

④G76 循环指令加工内螺纹。

数控加工工序卡如表 3-16 所示。

表 3-16　数控加工工序卡

工步号	工步内容	刀具号	刀具规格 mm	主轴转速 /(r·min⁻¹)	进给量 /(mm·r⁻¹)	背吃刀量 /mm
1	粗车外圆	T01	93°外圆刀	700	0.3	2
2	精车外圆	T01	93°外圆刀	700	0.1	0.25
3	车螺纹底孔	T02	内孔车刀	700	0.15	
4	车内螺纹	T03	螺纹车刀	400	2	
5	槽刀	T04	4 mm 槽刀	400	0.2	

（3）数控加工程序如下：

O1003；

N01 G21 G40；

N10 G00 X150 Z150；

N20 T0101；

N30 M03 S700 M08；

N40 G00 X52 Z1；

N50 G71 U2 R1；　　　　　　　　　　　外圆粗加工

N60 G71 P70 Q80 U0.5 W0.3 F0.3；

N70 G00 X39；

N80 G01 Z-26 F0.1；

N90 G70 P70 Q80；　　　　　　　　　　外圆精加工

N130 G00 X150 Z150；

N140 T0202；　　　　　　　　　　　　换 2 号内控车刀，车削螺纹底孔

N150 G00 X19 Z2；

N160 G90 X21.5 Z-24 F0.15；

N170 X22；

N180 G00 X150 Z150；

N190 T0303；　　　　　　　　　　　　换 3 号螺纹车刀

N200 G00 X20 Z4 S400；

```
N210 G76 P021060 Q100 R0.1;          螺纹加工
N220 G76 X24 Z-21 P1300 Q300 F2;
N230 G00 X150 Z150;
N240 T0404;                          换4号槽刀切断
N250 G00 X52 Z-25;                   定位
N260 G01 X-1.5 F0.2;                 切断
N270 X52;
N280 G00 X150 Z150;
N281 M09;                            关闭切削液
N282 M05;                            主轴停
N290 M02;
```

3.6 盘套类零件数控车削编程与加工

3.6.1 盘类零件加工

盘类零件是机械加工中的典型零件之一。它的应用范围很广，如支撑传动轴的各种形式的轴承、夹具上的导向套、气缸套等。盘类零件通常起支撑和导向作用。不同的盘类零件也有很多相同点，如主要表面基本上是圆柱面，它们有较高的尺寸精度、形状精度和表面粗糙度要求，而且有较高的同轴度要求等。

盘类零件一般径向尺寸较大，与一般轴类零件相比，盘类零件端面加工量较大，端面的精度高；且由于轴向尺寸较小，其装夹比较困难。盘类零件往往有内孔，存在内孔加工的问题。

例3-9：加工如图3-19所示盘类零件，毛坯尺寸为 $\phi60$ mm×60 mm（预留 $\phi15$ mm 的内孔），材料为45钢，分析零件加工工艺并编写数控加工程序。

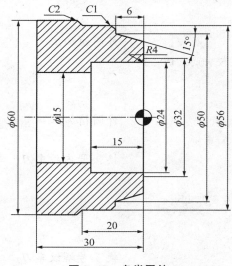

图 3-19　盘类零件

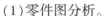

（1）零件图分析。

该零件由外圆柱面、外圆锥面、内阶梯孔及倒角构成。选择毛坯尺寸为 $\phi60$ mm×60 mm（预留 $\phi15$ mm 的内孔），内外表面均无粗糙度要求。

（2）加工工艺分析。

①确定工件装卡方式。

该零件壁厚较大，所以采用工件的左端面和外圆作为定位基准，使用普通自定心卡盘夹紧工件，并且一次装夹完成全部加工。取工件的右端面中心为工件坐标系的原点，换刀点选在（250，250）处。

②确定数控加工工序、加工刀具及切削用量。

根据零件的加工要求，选用 T01 号刀为 55°硬质合金机夹粗车外圆偏刀；T02 号刀为 93°硬质合金机夹粗车外圆偏刀；T03 号刀为 93°硬质合金机夹精车外圆偏刀；T04 号刀为内孔粗镗刀；T05 号刀为内孔精镗刀。数控加工工序卡如表 3-17 所示。

表 3-17　数控加工工序卡

零件名称	盘	数量	1	机床号	备注
工序	名称	工艺要求			
1	下料	$\phi60$ mm×60 mm（预留 $\phi15$ mm 的内孔）			
2	车	车削外圆到 $\phi60$ mm			
3	热处理	调质处理 220～250HB			
4	数控车	工步号	工步内容	刀具号	
		1	切削端面	T01	
		2	粗车外圆	T02	
		3	粗车内孔	T04	
		4	精车外圆	T03	
		5	精车内孔	T05	
5	检验				

数控加工刀具卡如表 3-18 所示。

表 3-18　数控加工刀具卡

刀具号	刀具规格名称	加工内容	刀尖半径/mm	主轴转速/(r·min⁻¹)	进给量/(mm·r⁻¹)
T01	55°外圆偏刀	车端面	0.5	500	0.1
T02	93°外圆偏刀	粗车外圆	0.5	500	0.2
T03	93°外圆偏刀	精车外圆	0.2	350	0.08
T04	内孔粗镗刀	粗镗内孔	0.5	500	0.2
T05	内孔精镗刀	精镗内孔	0.2	350	0.08

（3）数控加工程序如下：

O0008;	程序名
N001 G50 X250.0 Z250.0;	工件坐标系设定
N002 M03 S500 T0101;	主轴正转，选择01号刀具
N003 G00 X63.0 Z0 M07;	快进至工件表面，打开切削液
N004 G01 X-0.5 F0.1;	车端面，进给量为0.1 mm/r
N005 G00 Z2.0;	快速点定位
N006 X250.0 Z250.0 T0100;	回换刀点换刀，取消1号刀补
N007 T0202;	调用2号刀，刀具补偿号为2
N008 G00 X64.0 Z2.0;	快速点定位
N009 G71 P010 Q015 U0.4 W0.1 F0.2 S500;	
	调用粗车循环
N010 G00 X46.8 Z0;	快速点定位
N011 G01 X50.0 Z-6.0;	粗车圆锥面
N012 X54.0;	车削台阶面
N013 X56.0 W-1.0;	车削倒角C1
N014 Z-20.0;	粗车φ56 mm外圆柱面
N015 X62.0 Z-23.0;	车削倒角C2
N016 G00 X65.0;	退刀
N017 X250.0 Z250.0 T0200;	回换刀点换刀，取消2号刀补
N018 T0404;	调用4号刀，刀具补偿号为4
N019 G00 X12.0 Z2.0;	快速点定位
N020 G71 P021 Q026 U-0.4 W0.1 F0.2 S500;	
	调用粗车循环
N021 G00 G41 X32.0;	加入刀具半径左补偿
N022 G01 Z0.0 F0.08;	
N023 G02 X24.0 Z-4.0 R4.0;	粗车内孔圆角
N024 G01 Z-15.0;	精车内孔
N025 X14.0;	径向对刀
N026 G40 Z17.0;	退刀
N027 G00 X250.0 Z250.0 T0400;	回换刀点换刀，取消4号刀补
N028 T0303;	调用3号刀，刀具补偿号为3
N029 G00 X64.0 Z2.0;	快速进刀
N030 G70 P010 Q015;	精车外轮廓
N031 G00 X250.0 Z250.0 T0300;	退刀
N032 T0505;	退刀调用5号刀，刀具补偿号为5
N033 G00 X12.0 Z2.0;	定位

N034 G70 P021 Q026;　　　　　　精车深度为 15 mm 的内孔

N035 G00 X250.0 Z250.0 T0500;　　回换刀点换刀，取消 5 号刀补

N036 M30;　　　　　　　　　　　程序结束

3.6.2　套类零件加工

套类零件是一种应用范围很广，在机器中主要起支撑、定位或导向作用的零件。例如，支撑回转轴的各种形式的轴承和定位套、液压系统中的液压缸、电液伺服阀的阀套、夹具上的钻套和导向套，内燃机上的气缸套等都属套类零件。

套类零件一般具有内孔，加工难点在于观察刀具切削情况比较困难；刀具刀杆刚性较差，容易在加工中出现振动等现象；内孔加工尤其是不通孔加工时，切屑难以及时排出，切削液难以到达切削区域；内孔的测量比较困难。

例 3−10：加工图 3−20 所示套类零件，毛坯为 $\phi50$ mm×90 mm 棒料，材料为 45 钢，分析零件加工工艺并编写数控加工程序。

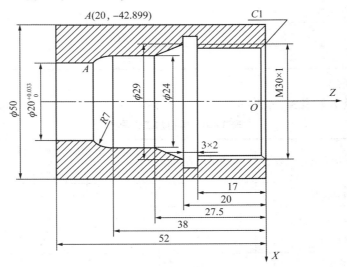

图 3−20　套类零件

（1）零件图分析。

该零件由内螺纹、退刀槽、内圆锥面、圆柱面、圆弧面等加工部位组成，其中 $\phi20$ mm 上偏差为+0.033 mm，下偏差为 0，公差等级为 IT8 级，其他尺寸精度要求不高，表面粗糙度要求为 Ra 3.2。零件的外圆尺寸为 $\phi50$ mm，不需加工，换刀点选在（250，250）处。

（2）加工工艺分析。

①装夹方式：自定心卡盘，外伸于卡盘 60 mm 以上。

②工件原点：右端面中心。

③加工方法：夹紧左端，一次装夹完成加工，切断，找正总长。

④刀具选择：

T0303 为 93°外圆车刀车端面；T0404 为内孔车刀粗、精车内孔；T0505 为内槽车刀车

3×2 螺纹退刀槽；T0606 为内螺纹车刀车 M30×1 内螺纹。该零件的数控加工工序卡如表 3–19 所示。

表 3–19　数控加工工序卡

零件名称	轴套	数量	10	工作者	日期
工序	名称	工艺要求			
1	下料	ϕ50 mm×90 mm（预留 ϕ18 mm 的内孔）			
2	热处理	热处理调质处理220～250HB			
3	数控车	工步号	工步内容	刀具号	备注
		1	车端面	T03	
		2	粗、精车内孔	T04	
		3	车内槽	T05	3 mm
		4	车内螺纹	T06	
4	检验				
材料		45 钢	备注：		
规格数量					

⑤切削用量选择。

数控加工刀具卡如表 3–20 所示。

表 3–20　数控加工刀具卡

刀具号	道具规格名称	数量	加工内容	刀尖半径 /mm	主轴转速 /(r·min^{-1})	进给量 /(mm·r^{-1})
T03	93°外圆车刀	1	车端面	0.2	1 000	0.1
T04	内孔车刀	1	粗、精车内孔	0.5	1 000	0.3/0.1
T05	内槽车刀	1	车内槽	0	400	0.1
T06	内螺纹车刀	1	车内螺纹		300	1.0

（3）数控加工程序如下：

```
O2000;
T0303;                    外圆车刀(使用前对刀)
S1000 M03;
G00 X55.0 Z5.0;
G00 X55.0 Z0;
G01 X16 F0.1;             车端面
G00 X150 Z150;            回换刀点
T0404;                    内孔车刀(使用前对刀)
G00 Z2.0;
X18.0;
```

```
G71 U2.0 R0.5;
G71 P10 Q20 U-0.5 W0.1 F0.3;          粗车内孔
N10 G00 X35;
G01 X29 Z-1 F0.1;                     右面内孔29 mm
Z-20.0;
X24.0 Z-27.5;
Z-38.0;
G03 X20.0 Z-42.899 R7.0;
G01 Z-53.5;
N20 X18.0;
G00 Z150.0;
X80.0;
M03 S800;
G00 G42 X18.0 Z2.0;
G70 P10 Q20;                          精车内孔
G00 G40 Z150.0;
X150.0;
T0505;                                内槽车刀(使用前对刀)
M03 S400;
G00 X21.0
Z-20.0;
G01 X34 F0.1;                         切槽
G04 X2.0;
G00 X30.0;                            径向退刀
G00 Z150.0;                           轴向退出
X150.0;
T0606;                                换内螺纹车刀(使用前对刀)
M03 S300;
G00 X26.0 Z4.0;
G92 X29.7 Z-18.5 F1.0;                第一次进刀直径值为29.7 mm
G92 X29.8 Z-18.5 F1.0;                第二次进刀直径值为29.8 mm
G92 X30 Z-18.5 F1.0;                  第三次进刀直径值为30 mm
G00 X150.0 Z150.0;                    回换刀点
M05;
M02;
```

思考与练习题 ▶▶ ▶

1. 数控车削加工类型有哪些?

2. 适合数控车削加工的零件特征有哪些?

3. 车削图 3-21 所示阶梯轴零件,毛坯为 ϕ52 mm×100 mm 棒料,材料为 45 钢,试制订该零件的加工工艺并编写加工程序。

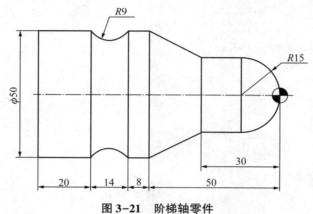

图 3-21　阶梯轴零件

4. 车削图 3-22 所示活塞杆零件,毛坯为 ϕ90 mm×100 mm 棒料,材料为铝合金,试制订该零件的加工工艺并编写加工程序。

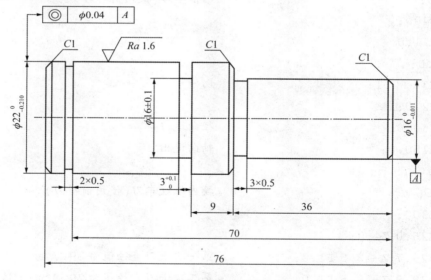

图 3-22　活塞杆零件

5. 加工图 3-23 所示的螺纹轴零件,毛坯为 ϕ25 mm×100 mm 棒料,材料为 45 钢,试制订该零件的加工工艺并编写加工程序。

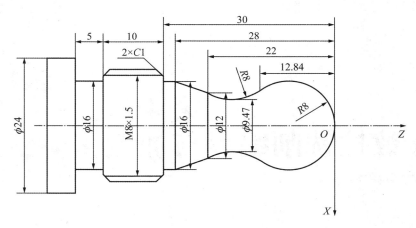

图 3-23 螺纹轴零件

第4章
数控铣削编程与加工

4.1　数控铣削基础

4.1.1　数控铣床的分类

　　数控铣床是一种用途广泛、加工能力强的数控机床。伴随着数控加工技术的发展，以及数控铣床自动化程度的提高，在数控铣床的基础上，使配备的刀库有自动换刀功能，可实现四轴或五轴联动以及主轴定向，加工效率高和精度高，工艺适应性好，可进行多工序加工的数控铣床进一步形成了数控加工中心的概念。目前，数控铣床在实际应用中的主要类型如表 4-1 所示。

表 4-1　数控铣床在实际应用中的主要类型

分类方法	类型阐述
按主轴位置方向	立式数控铣床、卧式数控铣床
按加工功能	数控铣床、数控仿形铣床、数控齿轮铣床等
按控制坐标轴数	两轴数控铣床、两轴半数控铣床、三轴数控铣床
按伺服系统	闭环伺服系统数控铣床、开环伺服系统数控铣床、半闭环伺服系统数控铣床
按运动方式	工作台升降式数控铣床，其主轴不动，工作台可升降。小型数控铣床采用此种方式
	主轴头升降式数控铣床，其工作台可纵向和横向移动，主轴可沿垂直向溜板上下运动；在精度保持、承重、系统构成等方面具有很多优点，已成为数控铣床的主流

4.1.2　数控铣削的加工特点

数控铣削的加工特点如下。

（1）对零件加工的适应性强、灵活性好、能加工轮廓特别复杂或难以控制尺寸的零件，如模具类零件、壳体类零件等。

（2）能加工普通机床无法加工或很难加工的零件，如数学模型描述的复杂曲线类零件及三维空间曲面类零件。

（3）能加工一次装夹定位后，需要进行多道工序加工的零件，如在加工中心上可方便地对箱体类零件进行钻孔、铰孔、车孔、攻螺纹、铣削端面、挖槽等多道工序的加工。

（4）加工精度高，加工质量稳定可靠。

（5）生产自动化程度高，可以减轻操作者的劳动强度，有利于生产管理的自动化。

（6）生产效率高。一般可省去划线、中间检验等工作，通常可以省去复杂的工装，减少对零件的安装、调整工作。

（7）从切削原理上讲，无论端铣还是周铣都属于断续切削方式，因此对刀具要求较高，要求刀具有良好的抗冲击性、韧性和耐磨性。

4.1.3　数控铣削的加工对象

数控铣削是机械加工中最常用和最主要的数控加工方法之一，它除了能铣削普通机床所能铣削的各种零件表面以外，还能铣削需要二至五坐标联动的各种平面轮廓和立体轮廓。根据数控铣床的特点，适合数控铣削的主要加工对象如下。

（1）箱体类零件。此类零件在机械、汽车、飞机等行业应用较多，如汽车的发动机缸体、变速器箱体、齿轮泵壳体、床头箱等。箱体类零件一般需要进行多工位孔系及平面加工，如钻、车、铰、镗、攻螺纹、铣等，不仅需要的刀具多，而且需要多次装夹和找正，手工测量次数多，且形位公差要求较为严格。因此，工艺复杂，加工周期长，成本高，更重要的是精度难以保证。

（2）复杂曲面零件。在航空航天、汽车、船舶、国防等领域的产品中，复杂曲面类零件占有较大的比重，如叶轮、螺旋桨、各种曲面等。复杂曲面类零件采用普通机械加工是很困难甚至无法完成的，此类零件适宜利用铣削加工中心加工。

（3）异形零件。异形零件是外形不规则的零件，大多需要点、线、面多工位混合加工，如支架、基座、样板、靠模等。异形零件的刚性一般较差，夹压及切削变形难以控制，加工精度也难以保证。这时，可充分发挥铣削加工中心工序集中的特点，采用合理的工艺措施，通过一次或两次装夹，完成多道工序或全部的加工内容。实践证明，利用铣削加工中心加工异形零件时，形状越复杂，精度要求越高，越能显示其优越性。

（4）盘套类零件。带有键槽、径向孔或端面有分布的孔系、曲面的盘套或轴类零件，以及具有较多孔加工的板类零件，适宜采用铣削加工中心加工。

4.1.4　数控铣削的加工方式

铣削主要用来对各种平面、沟槽等进行粗加工和半精加工，用成型铣刀也可以加工出固定的曲面。铣削方式有铣削平面、台阶面、成型曲面、螺旋面、键槽、T形槽、燕尾槽、螺纹、齿形等，如图4-1所示。

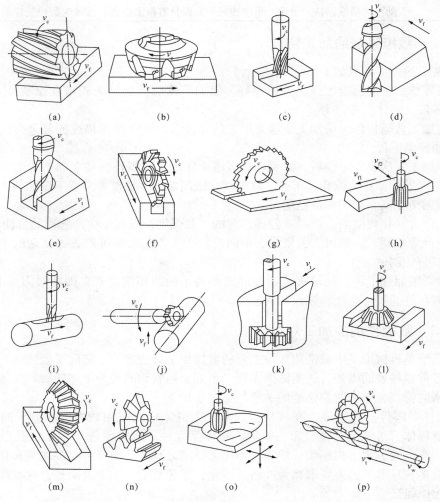

图4-1　铣削方式

(a)铣平面1；(b)铣平面2；(c)铣台阶面；(d)铣平面3；(e)铣沟槽1；(f)铣沟槽2；(g)切断；(h)铣曲面；
(i)铣键槽1；(j)铣键槽2；(k)铣T形槽；(l)铣燕尾槽；(m)铣V形槽；(n)铣成型面；(o)铣型腔；(p)铣螺旋面

铣削加工常用的加工刀具有面铣刀、立铣刀、球头铣刀、键槽铣刀、三面刃盘铣刀等。面铣刀主要用于立式铣床、端面铣床或龙门铣床上加工平面，刀具端面和圆周上均有刀齿，另外也有粗齿和细齿之分。面铣刀结构分为整体式、镶齿式和可转位式。立铣刀的圆柱表面和端面上都有切削刃，可同时进行切削，也可单独进行切削，主要用于平面铣削、凹槽铣削、台阶面铣削和仿形铣削。键槽铣刀主要用于加工键槽与槽。球头铣刀主要用于曲面加工，一般采用三坐标联动。

4.2 数控铣削加工工艺

4.2.1 数控铣削加工工艺的特点

数控铣削是将毛坯固定，用高速旋转的铣刀在毛坯上走刀，切出需要的形状和特征。传统铣削较多地用于铣轮廓和槽等简单外形特征，数控铣床可以进行复杂外形和特征的加工。铣镗加工中心可进行三轴或多轴铣镗加工，用于加工模具、检具、胎具、薄壁复杂曲面、人工假体、叶片等。数控铣削加工工艺的特点如下。

1. 铣削工件的特点

优点：加工结构简单的工件比较有优势。利用五轴的高速铣削功能，能加工各种复杂形状的工件。

不足：加工较复杂的工件，加工成本会大大增加，很多复杂工件、薄壁工件、深窄槽加工、微细加工等加工难度较大，甚至无法加工。

2. 铣削加工精度

优点：加工精度比较高，对于一些工件省了抛光的二次处理。特别对于一些材质脆性比较大的非金属材料，加工的精度比较好。例如，加工石墨电极时，因高速铣削的高切削速度、低切削量，电极边角能保证很好的尖角，不会造成崩边的现象。

不足：需要昂贵的高精度、高刚性的机床，对于内边角加工无法实现，存在刀具干涉、无合适刀具等问题，还需用钳工二次加工处理。

3. 铣削加工材料

优点：能加工硬度 60HRC 以下的各种金属材料、非金属材料等。对于硬度比较低的材料，因有较小的刀具磨损，所以加工优势比较明显。

不足：加工淬火工件，刀具成本高且刀具寿命很低。

4. 铣削加工速度

优点：较高的加工效率，可缩短工件的交货期，大大提高生产效率。

不足：对机床的控制系统要求很高。对编程以及操作人员技术素质要求很高，对人员的依赖性较强，编程不合理或操作不当，会发生撞刀的严重事故，轻则使工件报废，重则使机床精度丧失、主轴损坏。因存在这些问题，高速铣削的普及存在难度。

4.2.2 数控铣削加工工艺的制订

1. 零件图分析

零件图分析是进行加工工艺分析的前提，它将直接影响零件加工程序的编制与加工，主

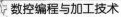

要考虑以下几方面。

1）零件图的完整性和正确性

零件的视图是否完整、正确，表达是否直观、清楚，各几何元素间的相互关系是否正确；尺寸、公差的标注是否齐全、合理，是否有利于编程；有无引起矛盾的多余尺寸或影响工序安排的封闭尺寸等。确定零件上是否有妨碍刀具运动的部位，是否有会产生加工干涉或加工不到的区域，零件的最大形状尺寸是否超过机床的最大行程，零件的刚性随着加工的进行是否有太大的变化等。

2）尺寸精度要求

分析零件图上的尺寸精度的要求，以便确定利用何种加工方法能够达到，并确定控制尺寸精度的工艺方法。分析在现有的加工条件下是否可以得到保证，是否还有更经济的加工方法或方案。

3）形状和位置精度要求

零件图上给定的形状和位置公差是保证零件精度的重要依据。加工时，要按照其要求确定零件的定位基准和测量基准，以便能加工出零件图上所要求的形位精度的零件。

4）表面粗糙度要求

表面粗糙度是保证零件表面微观精度的重要要求，也是合理选择加工设备、刀具及确定切削用量的依据。

5）材料与热处理要求

零件图样上给定的材料与热处理要求，是选择刀具、数控车床型号及确定切削用量的依据。分析零件材料的种类、牌号及热处理要求，了解零件材料的切削加工性能，才能合理选择刀具材料和切削参数。同时，要考虑热处理对零件的影响，如热处理变形，并在工艺路线中安排相应的工序消除这种影响。而零件的最终热处理状态也将影响工序的前后顺序。

2. 毛坯选择

1）确定毛坯形状及尺寸

在根据零件材料及其性能要求选择了毛坯类型后，接着要根据零件的形状、结构特点和各工序的加工余量，确定毛坯的形状及尺寸。主要是考虑在加工时要不要分层切削、分几层切削。也要分析加工中与加工后的变形程度，考虑是否应采取预防性措施与补救措施，一般板料和型材毛坯留 2~4 mm 的余量，铸件、锻件毛坯要留 5~8 mm 的余量。如有可能，尽量使各个表面上的余量均匀。

2）确定毛坯的定位装夹方法

主要考虑毛坯在第一道加工工序中定位装夹的可能性和方便性。对于形状规则的零件，如模具的模板，定位问题比较容易解决；对于形状不规则的零件，如有内腔的结构件，就要仔细分析，可考虑在毛坯上另外增加装夹余量或工艺凸台来定位与夹紧，也可以制出工艺孔或另外准备工艺凸耳来特制工艺孔作定位基准。

3. 加工方案的确定

在根据零件设计方案和制造要求，确定采用数控铣床进行零件加工的基础上，必须依据零件设计方案，进一步制订数控铣削加工的具体工艺方案。实际中，可以依据零件的结构特征，参考表4-2拟定零件数控铣削加工的基本方案。

表 4-2　拟定数控铣削的加工方案

序号	加工表面	加工方案	所用刀具
1	平面内外轮廓	X、Y、Z 方向粗铣→内外轮廓方向分层半精铣→轮廓高度方向分层半精铣→内外轮廓精铣	整体高速钢或硬质合金立铣刀，机夹可转位硬质合金立铣刀
2	空间曲面	X、Y、Z 方向粗铣→曲面 Z 方向分层粗铣→曲面半精铣→曲面精铣	整体高速钢或硬质合金立铣刀、球头铣刀，机夹可转位硬质合金立铣刀、球头铣刀
3	孔	固定尺寸刀具加工	麻花钻，车孔钻，铰刀，镗刀
		铣削	整体高速钢或硬质合金立铣刀，机夹可转位硬质合金立铣刀
4	外螺纹	螺纹铣刀铣削	螺纹铣刀
5	内螺纹	攻螺纹	丝锥
		螺纹铣刀铣削	螺纹铣刀

4. 加工工艺路线的确定

随着数控加工技术的发展，在不同设备和技术条件下，同一个零件的加工工艺路线会有较大的差别。

1）在中低档数控铣床上加工

中低档数控铣床一般能够进行三坐标联动，数控系统功能比较适用，但由于主轴功率一般为 5～7 kW，最大切削速度为 5～10 m/min，加工能力一般。当工件的加工余量较大而且不均匀时，数控铣削的效率就比较低。为了充分发挥数控加工的优势，可以与普通机床配合使用，普通机床进行粗加工或半精加工，数控铣床主要进行精加工，在其间穿插安排热处理及其他工序，能够得到较好的加工效果，加工成本也较低。

以某零件加工为例，一般可以采用以下工艺路线：普通机床粗铣、半精铣→热处理（回火、正火）→数控铣床精铣→热处理（淬火、渗碳、氮化）→表面抛光→检验。

由于多次装夹，会有较大的累积定位误差，因此必须确定这种方案是否能满足零件的位置精度要求。

2）在高档数控铣床上加工

高档数控铣床一般能够进行高速加工、超硬加工，数控系统功能丰富，可进行四、五坐标联动，加工能力很强，对于大余量的金属铣削能够达到很高的效率。为减少装夹次数，一般可以将工件需要进行数控加工的内容的粗加工、半精加工和精加工在一次装夹中完成。至于粗加工中产生的受力、受热变形等问题，可以采用合理选择切削参数、进行完全且充分冷却等方法解决。由于采用了高速加工技术及超硬加工的刀具，精加工可以安排在最后进行，且精加工后不需要后续工序。

在这种机床条件下，上述零件可以采用以下方案：数控铣床粗铣、半精铣→热处理（淬火、渗碳、氮化）→数控铣床精铣→检验。

5. 数控铣削工序设计

当零件的加工质量要求较高时，往往不可能用一道工序来满足其要求，而要用几道工序逐步达到所要求的加工质量。

1）加工阶段划分

为保证加工质量和合理地使用设备、人力，加工中心零件的加工过程通常按工序性质不同，可分为粗加工、半精加工、精加工和光整加工4个阶段。

（1）粗加工阶段。这个阶段的主要任务是切除毛坯上大部分多余的金属，使毛坯在形状和尺寸上接近零件成品，因此，主要目标是提高生产率。

（2）半精加工阶段。这个阶段的任务是使主要表面达到一定的精度，留有一定的精加工余量，为主要表面的精加工（如精车、精磨）做好准备，并可完成一些要素表面加工，如车孔、攻螺纹、铣键槽等。

（3）精加工阶段。这个阶段的任务是保证各主要表面达到规定的尺寸精度和表面粗糙度要求。主要目标是全面保证加工质量。

（4）光整加工阶段。对零件上精度和表面粗糙度要求很高（1T6级以上）的表面，需进行光整加工。其主要目标是提高尺寸精度、减小表面粗糙度值。一般不用来提高位置精度。

2）工步设计

工步设计主要从精度和效率两方面考虑，主要有以下原则。

（1）同一加工表面按粗加工、半精加工、精加工次序完成，或全部加工表面按先粗加工，然后半精加工、精加工分开进行。

（2）对于既要铣面又要车孔的零件，如各种发动机箱体，可以先铣面后车孔。

（3）相同工位集中加工，应尽量按就近位置加工，以缩短刀具移动距离，减少空运行时间。

（4）按所用刀具划分工步。

（5）当加工工件批量较大而工序又不太长时，可在工作台上一次装夹多个工件同时加工，以减少换刀次数。

（6）考虑到加工中存在重复定位误差，对于同轴度要求很高的孔系，就不能采取原则（4），应该在一次定位后，通过顺序连续换刀，顺序连续加工完该同轴孔系的全部孔后，再加工其他坐标位置孔，以提高孔系同轴度。

（7）在一次定位装夹中，尽可能完成所有能够加工的表面。

3）顺铣和逆铣的选择

铣削有顺铣和逆铣两种方式，如图4-2所示。

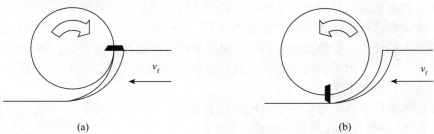

（a）　　　　　　　　　　　　　　（b）

图4-2　顺铣和逆铣

（a）顺铣；（b）逆铣

铣刀旋转切入工件的方向与工件的进给方向相同称为顺铣，相反则称为逆铣。

顺铣时背吃刀量从最大到零，刀具寿命长，已加工表面质量好，产生垂直向下的铣削分力，有助于工件的定位夹紧，但不可铣带硬皮的工件；当工作台进给丝杆螺母机构有间隙时，工作台可能会窜动。逆铣时背吃刀量从零到最大，刀具寿命短，已加工表面质量差，产生垂直向上的铣削分力，有挑起工件破坏定位的趋势，但可铣带硬皮的工件；当工作台进给丝杆螺母机构有间隙时，工作台也不会窜动。

当工件表面无硬皮时，应选用顺铣，按照顺铣安排走刀路线。因为采用顺铣加工后，零件已加工表面质量好，刀齿磨损小。精铣时，尤其是零件材料为铝镁合金、铁合金或耐热合金时，应尽量采用顺铣。当工件表面有硬皮、机床的进给机构有间隙时，应选用逆铣，按照逆铣安排走刀路线，因为逆铣时，刀齿是从已加工表面切入，不会崩刃。

6. 对刀点、对刀与换刀点

1）对刀点

对刀点是工件在机床上定位装夹后，设置在工件坐标系中，用于确定工件坐标系与机床坐标系空间位置关系的参考点。对刀点可以设置在工件上，也可以设置在夹具上，但都必须在编程坐标系中有确定的位置。对刀点既可以与编程原点重合，也可以不重合，这主要取决于加工精度和对刀的方便性。

2）对刀

对刀是通过刀具或对刀工具确定工件坐标系与机床坐标系之间的空间位置关系，并将对刀数据输入到相应的存储位置。简单地说，对刀就是告诉机床工件装夹在机床工作台的什么地方。对刀方法较多，下面介绍常用的采用寻边器的对刀方式，其对刀原理如图4-3所示。

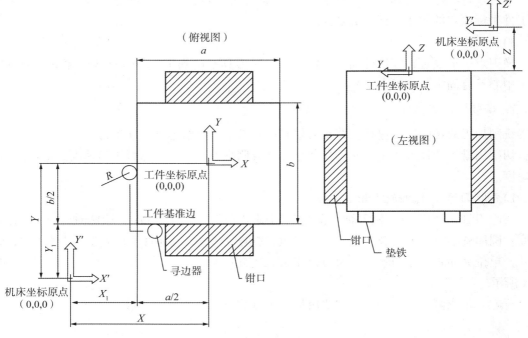

图4-3　对刀原理

首先进行装夹与找正，具体步骤如下。

(1)把平口钳装在机床上，钳口方向与 X 轴方向大约一致。

(2)把工件装夹在平口钳上，工件长度方向与 X 轴方向基本一致，工件底面用等高垫铁垫起，并使工件加工部位最低处高于钳口顶面(避免加工时刀具撞到或铣到平口钳)。

(3)夹紧工件。

(4)拖表使工件长度方向与 X 轴平行后，将平口钳锁紧在工作台(也可以先通过拖表使钳口与 X 轴平行，然后将平口钳锁紧在工作台上，再把工件装夹在平口钳上。如果必要可再对工件拖表检查长度方向与 X 轴是否平行)。

(5)必要时拖表检查工件宽度方向与 Y 轴是否平行。

(6)必要时拖表检查工件顶面与工作台是否平行。

装夹找正后确定工件坐标系原点位置。

X 轴方向：图 4-3 中，长方体工件左下角为基准角，左边为 X 轴方向的基准边，下边为 Y 轴方向的基准边。通过正确寻边，寻边器与基准边刚好接触(误差不超过机床的最小手动进给单位，一般为 0.01 mm，精密机床达 0.001 mm)。在左边寻边，在机床控制台显示屏上读出机床坐标值 X_0(即寻边器中心的机床坐标)，左边基准边的机床坐标 $X_1=X_0+R$(R 为寻边器半径)。工件坐标原点的机床坐标 $X=X_1+a/2=X_0+R+a/2$($a/2$ 为工件坐标原点离基准边的距离)。

Y 轴方向：在下侧边寻边，在机床控制台显示屏上读出机床坐标值 Y_0(即寻边器中心的机床坐标)。下侧基准边的机床坐标 $Y_1=Y_0+R$；工件坐标原点的机床坐标 $Y=Y_1+b/2=Y_0+R+b/2$($b/2$ 为工件坐标原点离基准边的距离)。

Z 轴方向：可直接对刀碰刀或 Z 轴方向设定对刀器，顶面正确寻边读出机床坐标 Z_0，则工件坐标原点的机床坐标值 Z 为 Z_0。

3)换刀点

换刀点一般设置在零件外面，应根据换刀时刀具不碰到工件、夹具或机床的原则而定。加工中心具有固定的换刀点。

7. 切削用量的选择

铣削加工的切削用量包括：背吃刀量和侧吃刀量、进给速度、切削速度。从刀具寿命出发，切削用量的选择方法是：先选择背吃刀量或侧吃刀量，其次选择进给速度，最后选择切削速度。

1)背吃刀量 a_p 或侧吃刀量 a_e

背吃刀量 a_p 为平行于铣刀轴线测量的切削层尺寸，单位为 mm。端铣时，a_p 为切削层深度；圆周铣削时，a_p 为被加工表面的宽度。侧吃刀量 a_e 为垂直于铣刀轴线测量的切削层尺寸，单位为 mm。端铣时，a_e 为被加工表面宽度；圆周铣削时，a_e 为切削层深度，如图 4-4 所示。

背吃刀量或侧吃刀量的选取主要由加工余量和对表面质量的要求决定。

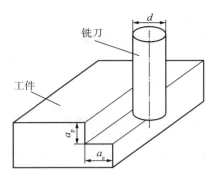

图 4-4　立铣刀的背吃刀量和侧吃刀量

（1）当工件表面粗糙度值要求为 $Ra = 12.5 \sim 25\ \mu m$ 时，如果圆周铣削加工余量小于 5 mm，端面铣削加工余量小于 6 mm，则粗铣一次进给就可以达到要求。在余量较大，工艺系统刚性较差或机床动力不足时，可分两次进给完成。

（2）当工件表面粗糙度值要求为 $Ra = 3.2 \sim 12.5\ \mu m$ 时，应分为粗铣和半精铣两步进行。粗铣时背吃刀量或侧吃刀量选取同前。粗铣后留 0.5 ~ 1.0 mm 余量，在半精铣时切除。

（3）当工件表面粗糙度值要求为 $Ra = 0.8 \sim 3.2\ \mu m$ 时，应分为粗铣、半精铣、精铣三步进行。半精铣时背吃刀量或侧吃刀量取 1.5 ~ 2 mm；精铣时，圆周铣时侧吃刀量取 0.3 ~ 0.5 mm，面铣时背吃刀量取 0.5 ~ 1 mm。

2）进给量 f 与进给速度 v_f

铣削加工的进给量 f（mm/r）是指刀具转一周，工件与刀具沿进给运动方向的相对位移量；进给速度 v_f（mm/min）是单位时间内工件与铣刀沿进给方向的相对位移量。进给速度与进给量的关系为 $v_f = nf$（n 为铣刀转速，单位为 r/min）。进给量与进给速度是数控铣床加工切削用量中的重要参数，根据零件的表面粗糙度、加工精度要求、刀具及工件材料等因素，参考数控加工技术手册选取或通过选取每齿进给量 f_z，再根据公式 $f = Zf_z$（Z 为铣刀齿数）计算。

每齿进给量 f_z 的选取主要依据工件材料的力学性能、刀具材料、工件表面粗糙度等因素。工件材料强度和硬度越高，f_z 越小；反之则越大。硬质合金铣刀的每齿进给量高于同类高速钢铣刀。工件表面粗糙度要求越高，f_z 就越小。每齿进给量的确定可参考表 4-3 选取。工件刚性差或刀具强度低时，应取较小值。

表 4-3　铣刀每齿进给量参考值　　　　　　　　　　　　　　　　　　　　mm

工件材料	刀具材料			
	粗铣		精铣	
	高速钢铣刀	硬质合金铣刀	高速钢铣刀	硬质合金刀
钢	0.10 ~ 0.15	0.10 ~ 0.25	0.02 ~ 0.05	0.10 ~ 0.15
铸铁	0.12 ~ 0.20	0.15 ~ 0.30		

3）切削速度 v_c

铣削的切削速度 v_c 与刀具寿命 T、每齿进给量 f_z、背吃刀量 a_p、侧吃刀量 a_e 以及铣刀齿数 Z 成反比，而与铣刀直径 d 成正比。其原因是当 f_z、a_p、a_e 和 Z 增大时，刀刃负荷增加，同时工作的齿数也增多，使切削热增加，刀具磨损加快，从而限制了切削速度的提高。为提高刀具寿命，允许使用较低的切削速度。但是，加大铣刀直径则可改善散热条件，可以提高切削速度。

铣削加工的切削速度 v_c 可参考表4-4选取，也可参考有关数控加工技术手册中的经验公式通过计算选取。

表4-4　铣削加工的切削速度参考值

工件材料	硬度/HBS	$v_c/(m \cdot min^{-1})$	
		高速钢铣刀	硬质合金铣刀
钢	<225	18～42	66～150
	225～325	12～36	54～120
	325～425	6～21	36～75
铸铁	<190	21～36	66～150
	190～260	9～18	45～90
	260～320	4.5～10	21～30

4.3　凸台轮廓零件数控铣削编程与加工

4.3.1　铣削外轮廓的走刀路线

铣削零件凸台外轮廓时，一般是采用立铣刀侧刃切削。刀具切入零件时，应避免沿零件外轮廓的法向切入，以避免在切入处产生刀具的刻痕，而应沿起刀点延伸线或切线方向，逐渐切入工件，保证零件曲线的平滑过渡。同样，在切离工件时，也应该避免在切削终点处直接抬刀，要沿着切削终点延伸线逐渐切离工件，如图4-5所示。

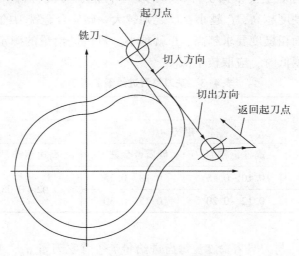

图4-5　刀具切入和切出走刀路线

4.3.2　简单外轮廓凸台零件编程

例 4-1：加工制造图 4-6 所示简单外轮廓凸台零件，材料为 45 钢，零件粗加工已完成，编写零件精加工程序。

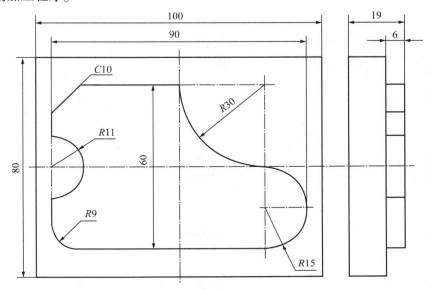

图 4-6　简单外轮廓凸台零件

（1）零件图分析。

该零件已经完成粗加工，精加工要完成凸台外轮廓，轮廓线主要由直线和圆弧构成，加工材料选择 45 钢。

（2）加工工艺分析。

①选择刀具。

加工类型为精加工，选用刀具为 $\phi16$ mm，立铣刀刀具主轴转速为 600 r/min，进给速度为 120 mm/min，背吃刀量为 6 mm。

②建立工件坐标系。

工件坐标系建立在上表面中心处，程序中使用 G55 确定该坐标系，刀具长度补偿地址器为 H1，刀具半径补偿地址器为 D1。

③选择轮廓切削起点和确定下刀点。

选择轮廓切削起点为 $A(0, -30)$，确定下刀点为 $Q(0, -50)$，圆弧进刀。

④选择走刀路线。

选择走刀路线为顺时针走刀，半径补偿指令为 G41，过渡圆弧半径 R10。

⑤确定轮廓上各点的坐标。基点坐标图如图 4-7 所示，各点的坐标为：

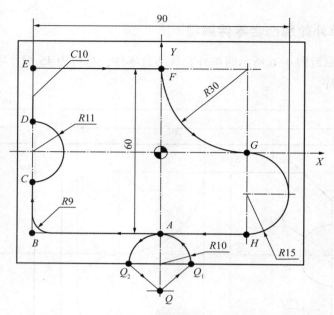

图 4-7　基点坐标图

$Q(0, -50)$, $Q_1(10, -40)$, $A(0, -30)$, $B(-45, -30)$, $C(-45, -11)$, $D(-45, 11)$, $E(-45, 30)$, $F(0, 30)$, $G(30, 0)$, $H(30, -30)$, $A(0, -30)$, $Q_2(-10, -40)$。

（3）数控加工程序如下：

O5005	程序名
N1 T01 M06;	换 16 mm 立铣刀
N2 G55 G90 G94 G21 M03 S600;	坐标系、绝对尺寸编程等
N3 G43 H1 G00 Z60 M8;	长度补偿
N4 X0 Y-50;	Q 点
N5 Z3;	快速下移至上表面 3 mm 处
N6 G01 Z-6 F120;	进给下刀至 6 mm 深
N7 G41 D1 G01 X10 Y-40;	建立刀补 G41
N8 G03 X0 Y-30 R10;	切向切入 A
N9 G01 X-45 Y-30, R9;	A—B
N10 Y-11;	B—C
N11 G03 Y11 R11;	C—D
N12 G01 X-45 Y30, C10;	D—E
N13 X0;	E—F
N14 G03 X30 Y0 R30;	F—G
N15 G02 Y-30 R15;	G—H
N16 G01 X0;	H—A
N17 G03 X-10 Y-40 R10;	切向切出 Q_2
N18 G40 G01 X0 Y-50;	取消半径补偿

N19 Z5;　　　　　　　　　　　　　　　　抬刀

N20 G00 X-60 Y-40;　　　　　　　　　以下切除四角残余

N21 Z-6;

N22 G01 X60;

N23 Y40;

N24 X-60;

N25 X50 Y40;

N26 Y8;

N27 X42;

N28 Y40;

N29 X32;

N30 Y8;

N31 X32 Y20;

N32 X16;

N33 Y30;

N34 X32;

N35 G49 G00 Z60 M09;　　　　　　　　抬刀、取消长度补偿

N36 M30;　　　　　　　　　　　　　　　程序结束

4.3.3　复杂外轮廓凸台零件编程

例4-2：加工制造图 4-8 所示复杂外轮廓凸台零件，零件粗加工已完成，材料为 45 钢，编写零件精加工程序。

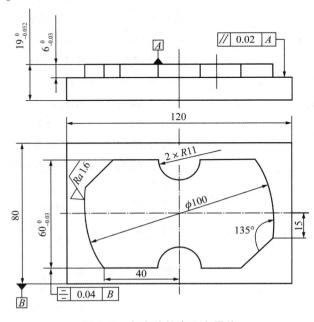

图 4-8　复杂外轮廓凸台零件

（1）零件图分析。

如图4-8所示，该零件为复杂外轮廓凸台零件，加工内容有两部分，一部分为120 mm× 80 mm×19 mm 的长方体，厚度方向上尺寸要求较高，尺寸及公差为 $19_{-0.052}^{0}$。在长方体的基础上，再铣削一个由直线和圆弧组成的凸台，该凸台的宽度尺寸和高度要求较高，尺寸及公差分别为 $60_{-0.03}^{0}$ 和 $6_{-0.03}^{0}$。此外，该凸台在宽度方向上相对于长方体对称中心有对称度要求，凸台的台阶面与长方体的上表面的对称度要求为0.04，平行度要求为0.02。

（2）加工工艺分析。

① 加工内容划分。

120 mm×80 mm×19 mm 的长方体结构简单，可在普通铣床上完成加工，以提高产品经济性。凸台形状包含圆弧结构，宜安排在数控铣床上加工，以提高产品加工效率和加工质量。

② 加工刀具与切削参数选择。

轮廓铣削刀具的直径要小于工件轮廓凹圆弧的直径，所以选择 $\phi16$ mm 的立铣刀进行加工，粗铣时的转速为550 r/min，进给速度为130 mm/min；精铣时的转速为700 r/min，进给速度为70 mm/min。

③ 装夹方案分析。

选用机用平口钳装夹工件，校正平口钳固定钳口的平行度以及工件上表面的平行度后夹紧工件。利用偏心式寻边器找正工件 X、Y 轴零点（位于工件上表面的中心位置），利用 Z 轴设定器设定 Z 轴零点为工件上表面。

（3）数控加工程序如下：

```
O1001;                           程序名
G55 G21 G90 G17 G40;             选择工件坐标系、公制尺寸、XY加工平面
G00 Z160.0 M03 S550;             快速定位到安全高度，主轴正转转速为 550 r/min
X-59.0 Y-55.0;                   快速定位到下刀点位置
Z3.0;                            快速定位到安全高度
G01 Z-6.0 F130;                  进给下刀到切削层高度
Y39.0;                           平行 Y 轴向上切除左面多余量
X59.0;                           平行 X 轴向右切除上面多余量
Y-39.0;                          平行 Y 轴向下切除右面多余量
X-70.0;                          平行 X 轴向左切除下面多余量
G00 Y-55.0;                      快速定位的下刀点
G01 G41 X-50.0 D01;              建立刀具半径补偿(粗铣刀补)
G01 Y15.0;                       粗铣凸台轮廓左面
X-35.0 Y30.0;
X-11.0;                          粗铣凸台轮廓上面
G03 X11.0 R11.0;
G01 X40.0;
G02 X50.0 Y0 R50.0;
```

```
G01 Y-15.0；                      粗铣凸台轮廓右面

X35.0 Y-30.0；

X11.0；

G03 X-11.0 R11.0；

G01 X-40.0；                      粗铣凸台轮廓下面

G02 X-50.0 Y0 R50.0；

G03 X-70.0 Y20.0 R20.0；          圆弧切出

G01 G40 Y-55.0；                  取消刀具半径补偿

M03 S700；                        启动精加工，转速为 700 r/min

G01 G41 X-50.0 D02 F70；          建立刀具半径补偿

G01 Y15.0；                       直线切向切入，精铣凸台轮廓开始

X-35.0 Y30.0；

X-11.0；

G03 X11.0 R11.0；

G01 X40.0；

G02 X50.0 Y0 R50.0；

G01 Y-15.0；

X35.0 Y-30.0；

X11.0；

G03 X-11.0 R11；

G01 X-40.0；

G02 X-50.0 Y0 R50.0；

G03 X-70.0 Y20.0 R20.0；          圆弧切出

G01 G40 Y-55.0；                  取消刀具半径补偿

G00 Z160.0；

M09；                             切削液关

M05；                             主轴停

M02；                             程序结束
```

4.4　型腔类零件数控铣削编程与加工

4.4.1　铣削型腔的走刀路线

型腔是指以封闭曲线为边界的平底凹槽，一般用平底铣刀侧刃加工。走刀方法有图 4-9 所示的 3 种，分别是行切法、环切法、先行切后环切法。行切法如图 4-9(a) 所示，刀具按弓字形刀路走刀，加工效率高，但在相邻两行走刀路线的起点和终点间会留下凹凸不平的残留，从而造成精加工余量不均，而达不到所要求的表面粗糙度。环切法如图 4-9(b) 所示，

走刀路线粗加工后所留的精加工余量均匀，但刀路较长且刀位点计算复杂，不利于提高切削效率。先行切后环切法如图 4-9（c）所示，是指先用行切法粗加工，然后环切一周精加工，此种走刀方法集中了两者的优点，既有利于提高粗加工效率，又有利于保证精加工余量均匀，从而保证了精铣时的加工质量。在规划这种走刀路线时，通常按照先确定环切路线再确定行切路线的顺序来规划。总之，确定走刀路线的原则是在保证零件加工精度和表面粗糙度的条件下，尽量缩短走刀路线以提高生产率。

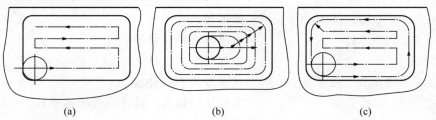

（a）　　　　　　　　　（b）　　　　　　　　　（c）

图 4-9　铣削型腔的走刀方法

（a）行切法；（b）环切法；（c）先行切后环切法

4.4.2　带岛屿型腔零件编程

例 4-3：加工图 4-10 所示零件，毛坯为 70 mm×70 mm×18 mm 板材，工件材料为 45 钢，六面均已完成粗加工。要求采用数控铣床铣出图中所示的简单型腔，编写加工程序。

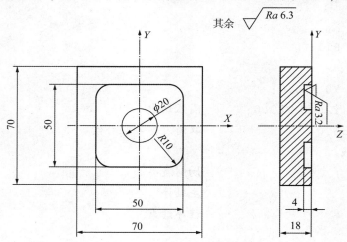

图 4-10　带岛屿型腔零件

（1）零件图分析。

该零件是在一个粗加工后的毛坯基础上，精加工内轮廓，加工时须特别注意主轴转速和进给速度的设置，使表面粗糙度达到要求。

（2）加工工艺分析。

①确定装夹方案。

根据毛坯和零件图可知，该零件毛坯规则，可以采用平口钳装夹。以已加工过的底面为定位基准，用通用平口钳夹紧工件前后两侧面，平口钳固定于铣床工作台上。

②确定加工顺序。

工件坐标系设置在零件毛坯的上表面中心处。加工顺序为铣刀先走圆轨迹，加工出中间的圆形岛屿，再加工 50 mm×50 mm 四角倒圆的正方形，每次背吃刀量为 2 mm，分两次加工完成。

③选择刀具与切削用量。

根据加工方案和工件材料，采用 ϕ10 mm 的端铣刀，并把该刀具的直径 10 mm 输入刀具参数表中，选择刀具如表 4-5 所示。根据刀具材料、工件材料和加工精度，并结合实际经验确定切削用量，如表 4-6 所示。

表 4-5　数控加工刀具卡

刀具	刀具型号规格	刀具		刀柄型号	长度补偿		直径补偿	
		直径/mm	长度/mm		补偿号	补偿值	补偿号	补偿值/mm
T1	ϕ10 mm 端铣刀	120	10	SK60			D01	10

表 4-6　数控加工工序卡

工步号	工步内容	刀具		切削用量		
		编号	规格	主轴转速 /(r·min^{-1})	进给速度 /(mm·min^{-1})	背吃刀量 /mm
1	圆形岛屿	T01	ϕ10 mm 端铣刀	1 000	160	2
2	铣内轮廓	T01	ϕ10 mm 端铣刀	1 000	160	2

（3）数控加工程序如下：

O0018；	程序名（主程序）
N010 G54；	选择坐标系（使用前对刀）
N015 S1000 M03 M07；	主轴正转，切削液开
N020 G90 G00 X0 Y0 Z60；	刀具快速移到（0，0，60）
N025 X15 Y0；	刀具快速移到（15，0，50）
N030 Z2；	刀具快速下刀到（15，0，2）
N040 G01 Z-2 F80；	刀具插补下刀到（15，0，-2）
N050 M98 P0019；	调用子程序 O0019
N060 G01 Z-4 F80；	刀具插补下刀到（15，0，-4）
N070 M98 P0019；	调用子程序 O100
N080 G01 Z2 F80；	刀具插补抬刀到（15，0，2）
N090 G00 X0 Y0 Z60；	刀具快速回到（0，0，60）
N100 M05 M09；	主轴停止，切削液关
N110 M30；	程序结束并返回到起点
O0019；	子程序程序名
N001 G03 X15 Y0 I-15 J0 F160；	刀具整圆圆弧插补到（15，0）
N002 G41 G01 X25 Y15 D01；	刀具直线插补到（25，15），左偏刀具补偿
N003 G03 X15 Y25 I-10 J0；	刀具圆弧插补到（15，25）
N004 G01 X-15；	刀具直线插补到（-15，25）

N005 G03 X-25 Y15 I0 J-10；　　　　刀具圆弧插补到(-25，15)

N006 G01 Y-15；　　　　　　　　　刀具直线插补到(-25，-15)

N007 G03 X-15 Y-25 I10 J0；　　　　刀具圆弧插补到(-15，-25)

N008 G01 X15；　　　　　　　　　　刀具直线插补到(15，-25)

N009 G03 X25 Y-15 I0 J10；　　　　　刀具圆弧插补到(25，-15)

N010 G01 Y15；　　　　　　　　　　刀具直线插补到(25，15)

N011 G40 G01 X15 Y0；　　　　　　刀具直线插补到(15，0)

N012 M99；

4.4.3　二维型腔零件编程

例4-4：加工图4-11所示二维型腔零件，材料为45钢，毛坯为80 mm×80 mm×20 mm的方形板材，编写加工程序。

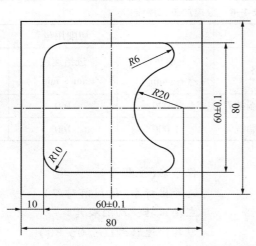

图4-11　二维型腔零件

（1）零件图分析。

该工件由一个腔槽组成，内轮廓线由直线和$R10$、$R6$的凹弧和一个$R20$的凸弧构成，腔槽深3 mm，该工件的表面粗糙度$Ra=3.2$ μm，加工时粗铣加工和精铣加工一次性完成。

（2）加工工艺分析。

①工件坐标系建立。

该零件毛坯尺寸为80 mm×80 mm×20 mm，工件坐标系建立在工件几何中心上较为合适，Z轴零点设在工件上表面。

②基点计算。

该零件型腔稍复杂，为便于后续编程，需要计算型腔轮廓各基点坐标，零件基点分布如图4-12所示。

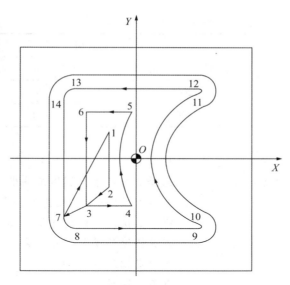

图 4-12　零件基点分布

各基点坐标如表 4-7 所示。

表 4-7　基点坐标

基点	坐标(X, Y)	基点	坐标(X, Y)
1	(-10, 10)	8	(-20, -30)
2	(-10, -10)	9	(20, -30)
3	(-17, -17)	10	(22.308, -18.462)
4	(-1.716, -17)	11	(22.308, 18.462)
5	(-1.716, 17)	12	(20, 30)
6	(-17, 17)	13	(-20, 30)
7	(-30, -20)	14	(-30, 20)

③加工路线。

由于该零件内轮廓加工余量不多，因此选择环切法并由里向外加工，加工时行距取刀具直径的 60% 左右，加工路线如图 4-12 所示。

④工序卡制作。

根据加工方案和工件材料，采用 $\phi 10$ mm 的键槽铣刀和立铣刀，并把该刀具的直径输入刀具参数表中，选择刀具如表 4-8 所示。根据刀具材料、工件材料和加工精度，并结合实际经验确定切削用量，数控加工工序卡如表 4-9 所示。

表 4-8　数控加工刀具卡

序号	刀具号	刀具名称	数量	加工表面	刀具直径/mm
1	T01	立铣刀	1	垂直进给	10
				精铣内轮廓	10

表4-9　数控加工工序卡

工步号	工步内容	切削用量		
		主轴转速/(r·min⁻¹)	进给速度/(mm·min⁻¹)	背吃刀量/mm
1	垂直进给	1 200	120	
2	精铣内轮廓	1 200	120	

(3)数控加工程序如下:

O0025;	程序名
G21G54 G17 G90 G40;	选择公制尺寸,调用工件坐标系,绝对坐标编程
M03 S1200;	开启主轴(开启主轴前主轴上刀具号T01并对刀)
G00 Z100;	将刀具快速定位到初始平面
X-10 Y10;	刀具快速移动至1点上方
Z5;	快速定位到R平面
G01 Z-3 F120;	下刀,深度3 mm
M98 P0026;	调用子程序,粗加工轮廓
G01X-0.8Y-19	以下4段清理4点、5点附近残余
Y19;	
X1;	
Y-22;	
G00 Z100;	抬刀
M05;	主轴停止
O0026;	子程序程序名
G01 X-10 Y-10 Z-10 F120;	从1点直线加工至2点
X-17 Y-17;	直线加工至3点
X-1.716;	直线加工至4点
G02 Y17 R35;	圆弧加工至5点
G01 X-17;	直线加工至6点
Y-17;	直线加工至3点
G41 X-30 Y-20 D01;	建立半径补偿至7点
G03 X-20 Y-30 R10;	圆弧加工至8点
G01 X20;	直线加工至9点
G03 X22.308 Y-18.462 R6;	圆弧加工至10点
G02 Y18.462 R20;	圆弧加工至11点
G03 X20 Y30 R6;	圆弧加工至12点
G01 X-20;	直线加工至13点
G03 X-30 Y20 R10;	圆弧加工至14点
G01 Y-20;	直线加工至7点
G40 X-10 Y10;	移动至1点并取消刀补
M99;	子程序结束

4.5　槽类零件数控铣削编程与加工

在机械零件加工中，槽类零件大多数是在铣床上加工而成的。其几何尺寸偏差、形状和位置偏差、表面粗糙度等与加工方法、刀具、机床等因素有关。

4.5.1　十字型槽加工编程

例 4-5：加工图 4-13 所示的十字型 4 条槽，材料为 45 钢，编写数控加工程序。

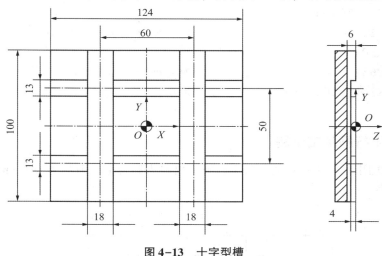

图 4-13　十字型槽

（1）零件图分析。

加工类型为精加工，毛坯为 124 mm×100 mm×15 mm 板材，加工材料为 45 钢，ϕ13 mm 的槽深度 4 mm，选用刀具为 ϕ13 mm 立铣刀，立铣刀刀具主轴转速为 600 r/min，进给速度为 100 mm/min，背吃刀量为 4 mm。ϕ18 mm 的槽深度 6 mm，选用刀具为 ϕ18 mm 立铣刀，立铣刀刀具主轴转速为 400 r/min，进给速度为 100 mm/min，背吃刀量为 6 mm。

（2）加工工艺分析。

①工件坐标系建立。

工件坐标系建立在上表面中心处，程序中使用 G55 确定该坐标系，ϕ13 mm 刀具编号为 T01，长度补偿地址器为 H01；ϕ18 mm 刀具编号为 T02，长度补偿地址器为 H02。

②加工路线：先加工两条 ϕ13 mm 槽，在加工两条 ϕ18 mm 槽。

（3）数控加工程序如下：

O3002；

N01 G40 G49 G55 G21；　　　　　　取消刀补、选择公制尺寸

N02 T01 M06；　　　　　　　　　　换 1 号刀（使用前对刀）

N03 G00 X-73 Y25；

N04 G43 Z100 H01；　　　　　　　　正向长度补偿

N05 M03 S600；

N06 G01 Z-4 F600;	下移刀具直到槽深度
N07 X73 F100;	加工φ13 mm 上方槽
N08 G00 Y-25;	
N09 G01 X-73;	加工φ13 mm 下方槽
N10 G00 Z100 M05;	
N11 T02 M06;	换2号刀（使用前对刀）
N12 G00 X-30 Y63;	
N13 G43 Z100 H02;	正向长度补偿
N14 M03 S400;	
N15 G01 Z-6 F600;	
N16 Y-63 F100;	加工φ18 mm 左边槽（自上而下）
N17 G00 X30;	
N18 G01 Y63;	加工φ18 mm 右边槽（自下而上）
N19 G00 X200 Y100 Z300;	抬刀
N20 M30;	程序结束

4.5.2 平行槽加工编程

例4-6：加工图4-14所示的3条平行槽，材料为铝合金，刀具为φ8 mm 键槽铣刀，编写数控加工程序。

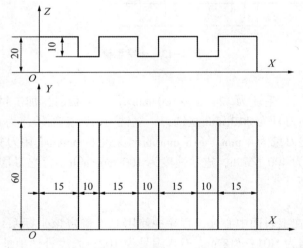

图4-14 平行槽零件

（1）零件图分析。

键槽宽度为10 mm，刀具为φ8 mm 键槽铣刀，因此宽度需要铣削两遍。槽的深度为10 mm，考虑分4次铣削，每次背吃刀量为2.5 mm。键槽铣刀刀具主轴转速为600 r/min，进给速度为110 mm/min，背吃刀量为2.5 mm。

（2）建立工件坐标系。

工件坐标系建立在上表面左下角处，程序中使用G55确定该坐标系，φ8 mm 刀具编号为T01，半径补偿地址器为D01。

（3）数控加工程序如下：

```
O0031；
N120 G40 G49 G55 G21；          选择工件坐标系、公制尺寸
N130 G00 X0 Y0 Z10.0；
N140 G97 M04 S600；             设定转速
N150 G90 X-5.0 Y-10.0 M07；
N160 G00 Z0；
N160 M98 P40032；
N170 G90 G00 Z50.0；
N170 M09；
N170 M05；
N190 M02；
O0032；                        铣槽深子程序
N10 G91 G00 Z-2.5；
N20 M98 P30033；
N30 G00 X-75.0；
N40 M99；
O0033；                        铣槽个数子程序
N50 G91 G00 X25.0；
N60 G41 D01 X5.0；
N70 G01 Y80.0 F110；
N80 X-10.0；
N90 Y-80.0；
N100 G40 G00 X5.0；            取消刀具半径补偿
N110 M99；
```

4.6　孔类零件数控铣削编程与加工

4.6.1　孔加工工艺知识

1. 孔的加工方法

孔的分类方法有多种，如通孔和盲孔、大孔和小孔、直通孔和阶梯孔、圆柱孔和锥孔、浅孔和深孔，攻螺纹的有螺孔和底孔，毛坯有铸孔和预留孔等。在数控铣床上加工孔的方法也很多，根据孔的尺寸精度、位置精度及表面粗糙度等要求，一般有点孔、钻孔、车孔、锪孔、铰孔及铣孔等。孔系加工时，许多孔都要求保证孔距、孔边距、各孔轴线的平行度、与端面的垂直度及两个零件组装后孔的同轴度。这类孔系加工时一般先加工基准，然后划线加工各孔。常用孔的加工方案如表4-10所示。

表 4-10　常用孔的加工方案

序号	加工方案	精度等级	表面粗糙度 $Ra/\mu m$	适用范围
1	钻	11 ~ 13	50 ~ 12.5	加工未淬火钢及铸铁的实心毛坯，也可用于加工有色金属（但粗糙度较差），孔径小于 15 mm
2	钻—铰	9	3.2 ~ 1.6	
3	钻—粗铰（扩）—精铰	7 ~ 8	1.6 ~ 0.8	
4	钻—扩	11	6.3 ~ 3.2	同上，但孔径大于 15 ~ 20 mm
5	钻—扩—铰	8 ~ 9	1.6 ~ 0.8	
6	钻—扩—粗铰—精铰	7	0.8 ~ 0.4	
7	粗镗（粗车）	11 ~ 13	6.3 ~ 3.2	除淬火钢外各种材料，毛坯有铸出孔或锻出孔，孔径>25 mm ~ 30 mm
8	粗镗（粗车）—半精镗（半精车）	8 ~ 9	3.2 ~ 1.6	
9	粗镗（粗车）—半精镗（半精车）—精镗（精车）	6 ~ 7	1.6 ~ 0.8	

2. 孔加工切削用量

孔加工时的切削用量是指钻头在钻削过程中的切削速度、进给量和背吃刀量的总称。其切削用量的选择基本原则是：在允许的外围内，尽量先选较大的进给量 f，当进给量 f 受到表面粗糙度和钻头刚度的限制时，再考虑选择较大的切削速度 v_c。孔加工切削用量如表 4-11 所示。

表 4-11　孔加工切削用量

刀具名称	刀具材料	切削速度/（m·min⁻¹）	进给量/（mm·r⁻¹）	背吃刀量/mm
中心钻	高速钢	20 ~ 40	0.05 ~ 0.10	0.5D
标准麻花钻	高速钢	20 ~ 40	0.15 ~ 0.25	0.5D
	硬质合金	40 ~ 60	0.05 ~ 0.20	0.5D
扩孔钻	硬质合金	45 ~ 90	0.05 ~ 0.40	≤2.5
机用铰刀	硬质合金	6 ~ 12	0.3 ~ 1	0.10 ~ 0.30
机用丝锥	硬质合金	6 ~ 12	P	0.5P
粗镗刀	硬质合金	80 ~ 120	0.10 ~ 0.50	0.5 ~ 2.0
精镗刀	硬质合金	80 ~ 120	0.05 ~ 0.30	0.3 ~ 1

注：D 为钻头直径，P 为丝锥导程。

需要注意的是孔加工时底孔的加工非常重要，底孔的位置正确或者超差较小，可有效地减少车孔纠偏底孔位置的次数，缩短操作加工时间，对提高加工精度及加工效率具有特别重要的作用。

3. 孔加工切削液的使用

孔加工属于半封闭式切削，切削过程中产生大量切削热。一般来讲，切削刃附近温度达到 800 ~ 1 000 ℃。车、铣加工中的切削热大部分被切屑带走，而孔加工切屑移动速度慢，且处于半封闭状态，切削热集中在刀具切削刃处，从而导致刀具寿命下降，磨损加剧。为减少切削热，延长刀具寿命，根据加工材料不同，孔加工时切削液的选择如表 4-12 所示。

表4-12　孔加工时切削液的选择

工件材料	切削液（体积分数）
各类结构钢	3%～5%乳化液，7%硫化乳化液
不锈钢、耐热钢	3%肥皂加2%亚麻油水溶液，硫化切削液
纯铜、黄铜、青铜	不用，5%～8%乳化液
铸铁	不用，5%～8%乳化液，煤油
铝及铝合金	不用，5%～8%乳化液，煤油，煤油与菜油混合油
有机玻璃	5%～8%乳化液，煤油

4.6.2　简单孔类零件加工编程

例4-7：加工图4-15所示零件中所有的孔，材料为45钢，采用孔加工循环指令编写数控加工程序。

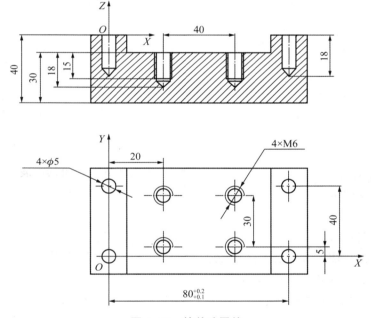

图4-15　简单孔零件

（1）零件图分析。

该零件需加工4×ϕ5 mm孔、4×M6螺纹孔，根据零件特征采用平口虎钳装夹，4×ϕ5 mm孔比4×M6螺纹孔位置高，要注意加工时避免撞刀。

（2）加工工艺过程。

工件坐标系原点设在上表面左下角孔中心处，程序中采用G55调用该坐标系。孔加工顺序为采用中心钻钻深度为2 mm的中心孔共8个→采用ϕ5 mm麻花钻钻ϕ5 mm孔共4个→采用ϕ6 mm麻花钻钻ϕ6 mm孔共4个→采用ϕ6 mm螺纹刀攻螺纹共4个。加工过程中，换刀点确定在X=0，Y=0，Z=150处。使用固定循环指令加工，安全平面在Z=60处，R安全平面离孔表面3 mm。数控加工工艺卡如表4-13所示。

表4-13　数控加工工艺卡

刀具	刀具编号	规格/mm	刀长补偿号	转速/(r·mm⁻¹)	进给量/(mm·min⁻¹)
中心钻	T01	φ2	H01	450	12
钻孔刀	T02	φ5	H02	400	6
钻孔刀	T03	φ6	H03	450	12
螺纹刀	T04	φ6	H04	290	1（螺纹导程）

（3）数控加工程序如下：

```
O1002;
N102 G17 G40 G49 G80 G90 G21;          选择坐标平面、公制尺寸
N104 T01 M06;                          换1号中心钻
N106 G00 G90 G55 X0 Y0 S450 M03;
N108 G43 H01 Z60 M08;
N109 G99 G81 X0 Y0 Z-2 R3 F12;         以下共8个中心孔
N110 X80;
N112 Y40;
N114 X0;
N116 X20 Y5 Z-12 R-7;
N118 X60;
N120 Y35;
N122 X20;
N124 G80 M09;                          G81功能取消、关闭切削液
N126 G00 Z150 M05;                     抬刀
N128 X0 Y0;                            回换刀点
N130 T02 M06;                          换2号钻孔刀
N132 G00 G90 G55 X0 Y0 S400 M03;
N134 G43 H02 Z60 M08;
N136 G83 Z-18 Q2 R3 F6;                以下为4×φ5 mm孔
N138 X80;
N140 Y40;
N142 X0;
N144 G80 M09;                          G83功能取消、关闭切削液
N146 G00 Z150 M05;                     抬刀
N148 X0 Y0;                            回换刀点
N150 T03 M06;                          换3号钻孔刀
N152 G55 G90 G0 X20 Y5 S450 M3;
N154 G43 Z60 H03 M08;
N156 G81 Z-28 R-7 F12;                 以下为4×φ6 mm孔
```

N158 X60;

N160 Y35;

N162 X20;

N164 G80 M09;　　　　　　　　*G81 功能取消、关闭切削液*

N166 G00 Z150 M05;

N168 X0 Y0;

N170 T04 M06;　　　　　　　　*换 4 号螺纹刀*

N172 G55 G90 G0 X20 Y5 S280 M03;

N174 G43 Z60 H04 M8;

N176 G84 Z-25 R-7 F1;　　　　　*以下共 4 个螺纹孔*

N178 X60;

N180 Y35;

N182 X20;

N184 G80 M09;　　　　　　　　*G84 功能取消、关闭切削液*

N186 G00 Z150 M05;　　　　　　*抬刀*

N188 X0 Y0;　　　　　　　　　*回换刀点*

N190 M02;　　　　　　　　　　*程序结束*

4.6.3　复杂孔类零件加工编程

例 4-8：支撑座零件如图 4-16 所示，上下表面、外轮廓已加工完成。完成零件上所有孔的加工，编写其加工程序。零件材料为 HT150。

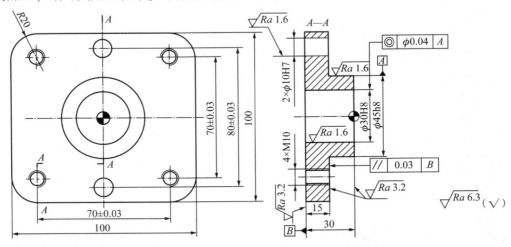

图 4-16　支撑座

（1）零件图纸分析。

该零件需加工 2×ϕ10H7 孔、ϕ30H8 孔，孔的尺寸精度分别为 7 级和 8 级，表面粗糙度 $Ra=1.6$ μm，攻 4×M10 螺纹孔。ϕ30H8 孔对 ϕ45h8 外形轮廓有同轴度要求，最好与 ϕ45h8 外形轮廓在同一次装夹中完成，也可以 ϕ45h8 外形轮廓为定位或对刀基准完成加工。由于

ϕ45h8 外形轮廓已在前面工序完成，因此本次加工以 ϕ45h8 外形轮廓为对刀基准，并将 XY 坐标原点设在 ϕ45h8 外形轮廓右面中心处。钻孔初始高度在 $Z=60$ 处，换刀点位置坐标为（150，150，200）。

（2）加工工艺分析。

①加工方案及刀具的选择。

a. 首先对所有孔打定位孔，以保证钻孔时，不会产生斜歪现象。

b. 钻孔：用 ϕ8.5 mm 麻花钻钻 4×M10 底孔。

c. 钻孔：用 ϕ9.8 mm 麻花钻钻 2×ϕ10H7 底孔。

d. 钻孔：用 ϕ18 mm 麻花钻钻 ϕ30H8 底孔。

e. 车孔：用 ϕ28 mm 钻头车 ϕ30H8 孔。

f. 粗车：用 ϕ29.8 mm 粗镗刀粗车 ϕ30H8 孔。

g. 攻螺纹：攻 4×M10 螺纹。

h. 铰孔：用 ϕ10H7 铰刀加工出 2×ϕ10H7 孔。

i. 精车：用 ϕ30 mm 精镗刀精车 ϕ30H8 孔。

数控加工刀具卡如表 4-14 所示。

表 4-14　数控加工刀具卡

单位		数控加工刀具卡片		产品名称			零件图号	
				零件名称			程序编号	
序号	刀具号	刀具名称	刀具		补偿值		刀补号	
			直径/mm	长度/mm	半径/mm	长度/mm	半径	长度
1	T01	中心钻	5					H01
2	T02	麻花钻	8.5					H02
3	T03	麻花钻	9.8		根据测量结果			H03
4	T04	麻花钻	18					H04
5	T05	扩孔钻	28					H05
6	T06	粗镗刀	29.8					H06
7	T07	机用丝锥	10					H07
8	T08	铰刀	10					H08
9	T09	精镗刀	30					H09

②装夹方案与切削用量选择。

工件以精密平口钳上的定钳口和垫块为定位面，要注意防止垫铁与孔加工刀具相碰，动钳口将工件夹紧。台虎钳的定钳口需要进行检测，确保定钳口与工作台的垂直度、平行度。台虎钳的底平面和垫块与工作台的平行度也要进行检测。垫块数量尽量少，摆放位置应确保加工时不会与刀具干涉。切削用量参数如表 4-15 所示。

表 4-15　数控加工工序卡

单位	数控加工工序卡		产品名称	零件名称	材料	图号
工序号	程序编号	夹具名称	夹具编号	设备名称	编制	审核
		台虎钳				
工步号	工步内容	刀具号	刀具规格	主轴转速 /(r·min⁻¹)	进给速度 /(mm·min⁻¹)	背吃刀量 /mm
1	钻中心孔	T01	$\phi5$ mm 中心钻	1 500	60	
2	钻 4×M10 底孔	T02	$\phi8.5$ mm 麻花钻	900	120	
3	钻 2×ϕ10H7 底孔	T03	$\phi9.8$ mm 麻花钻	800	110	
4	钻 ϕ30H8 底孔	T04	$\phi18$ mm 麻花钻	600	70	
5	车 ϕ30H8 底孔	T05	$\phi28$ mm 扩孔钻	350	30	
6	粗车 ϕ30H8 底孔	T06	$\phi29.8$ mm 粗镗刀	700	70	
7	攻 4×M10 螺纹	T07	M10 丝锥	90	1.5（螺距）	
8	铰 2×ϕ10H7 底孔	T08	ϕ10H7 铰刀	300	50	
9	精车 ϕ30H8 孔	T09	$\phi30$ mm 精镗刀	1 300	30	

（3）数控加工程序。

工件坐标系原点在上表面孔中心处，程序中采用 G55 坐标系，程序如下：

00001；

N10 G17 G21 G40 G55 G80 G90 G94；程序初始化（程序运行前上 T01 刀并对刀）

N20 G00 Z60.0 M07；　　　　　刀具定位到安全平面

N30 M03 S1500；　　　　　　　启动主轴

N40 G99 G81 X35.0 Y35.0 R-12.0 Z-20.0 F60；

　　　　　　　　　　　　　　钻中心孔，深度以钻出锥面为好

N50 X0.0 Y40.0；

N60 X-35.0 Y35.0；

N70 Y-35.0；

N80 X0.0 Y-40.0；

N90 G98 X35.0 Y-35.0；

N95 G99 X0 Y0 R3 Z-5；

N100 G00 Z200 M09；　　　　　刀具抬到手工换刀高度

N105 X150 Y150；　　　　　　　移动到手工换刀位置

N110 M05；

N120 M00；　　　　　　　　　　程序暂停，手工换 T02 刀并对刀

N130 M03 S900；　　　　　　　更换转速

N140 G00 Z60.0 M07；　　　　　刀具定位到安全平面并开启切削液

N150 G99 G81 X35.0 Y35.0 R-12.0 Z-33.0 F120；

钻 4×M10 螺纹孔底孔

```
N160 X-35.0;
N170 Y-35.0;
N180 G98 X35.0;
N190 G00 Z200.0 M09;              刀具抬到手工换刀高度
N200 X150 Y150;                   移到手工换刀位置
N210 M05;                         主轴停
N220 M00;                         程序暂停, 手工换 T03 刀并对刀
N230 M03 S800;                    更换转速
N240 G00 Z60.0 M07;               刀具定位到安全平面
N250 G98 G81 X0 Y40.0 R-12.0 Z-33.0 F110;
                                  钻 2×φ10H7 孔底孔并返回初始平面
N260 Y-40.0
N270 G00 Z200 M09;                刀具抬到手工换刀高度
N280 X150 Y150;                   移到手工换刀位置
N290 M05;
N300 M00;                         程序暂停, 手工换 T04 刀并对刀
N310 M03 S600;                    更换转速
N320 G00 Z60.0 M07;               刀具定位到安全平面
N330 G98 G81 X0.0 Y0.0 R3.0 Z-33.0 F70;
                                  钻 φ30H8 底孔至 18 mm
N340 G00 Z200 M09;                刀具抬到手工换刀高度
N350 X150 Y150;                   移到手工换刀位置
N360 M05;
N370 M00;                         程序暂停, 手工换 T05 刀并对刀
N380 M03 S350;                    更换转速
N390 G00 Z60.0 M07;               刀具定位到安全平面
N400 G98 G81 X0.0 Y0.0 R3.0 Z-33.0 F30;
                                  车 φ30H8 底孔至 28 mm
N410 G00 Z200 M09;                刀具抬到手工换刀高度
N420 X150 Y150;                   移到手工换刀位置
N430 M05;
N435 M00;                         程序暂停, 手工换 T06 刀并对刀
N440 M03 S600;                    更换转速
N450 G00 Z60.0 M07;               刀具定位到安全平面
N460 G98 G81 X0.0 Y0.0 R3.0 Z-33.0 F60;
                                  粗车 φ30H8 孔至 29.8 mm
N470 G00 Z200 M09;                刀具抬到手工换刀高度
N480 X150 Y150;                   移到手工换刀位置
```

N490 M05;

N500 M00;　　　　　　　　　　　程序暂停，手工换 T07 刀并对刀

N510 M03 S90;　　　　　　　　　　更换转速

N520 G00 Z60.0 M07;　　　　　　　刀具定位到安全平面

N530 G99 G84 X35.0 Y35.0 R-12.0 Z-33.0 F1.5;

　　　　　　　　　　　　　　　　　攻 4×M10 螺纹孔

N540 X-35.0;

N550 Y-35.0;

N560 X35.0;

N570 G00 Z200 M09;　　　　　　　刀具抬到手工换刀高度

N580 X150 Y150;　　　　　　　　　移到手工换刀位置

N590 M05;　　　　　　　　　　　　更换转速

N600 M05;　　　　　　　　　　　　程序暂停，手工换 T08 刀并对刀

N610 M03 S300;

N620 G00 Z60.0 M07;　　　　　　　刀具定位到安全平面

N630 G98 G85 X0.0 Y40.0 R-10.0 Z-35.0 F50;

　　　　　　　　　　　　　　　　　铰 2×ϕ10H7 孔至精度要求

N640 Y-40.0;

N650 G00 Z200 M09;　　　　　　　刀具抬到手工换刀高度

N660 X150 Y150;　　　　　　　　　移到手工换刀位置

N670 M05;

N680 M00;　　　　　　　　　　　　程序暂停，手工换 T09 刀并对刀

N690 M03 S1300;　　　　　　　　　更换转速

N700 G00 Z60.0 M07;　　　　　　　刀具定位到安全平面

N710 G98 G85 X0.0 Y0.0 R3.0 Z-33.0 F30;

　　　　　　　　　　　　　　　　　精车 ϕ30H8 孔至精度要求

N720 G00 Z60.0 M09;

N670 M05　　　　　　　　　　　　　主轴停

N660 M30;　　　　　　　　　　　　程序结束

4.7　综合类零件数控铣削编程与加工

　　综合类零件一般是指结构形状多样、质量特征较多、加工工艺复杂、使用刀具种类多、程序较长且精密度较高的机械零件。综合类零件的质量是影响相关产品质量的关键因素，因而保证综合类零件加工的质量非常重要。

　　例 4-9：加工图 4-17 所示综合类零件，毛坯尺寸为 80 mm×80 mm×26 mm，材料为 LY15，编写数控加工程序。

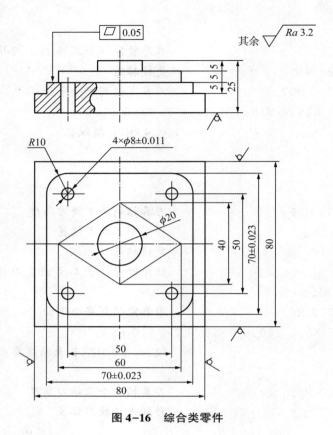

图 4-16　综合类零件

（1）零件图分析。

如图 4-16 所示，要求在一个 80 mm×80 mm×26 mm 的方块毛坯上加工出三层台阶，分别是圆柱形、菱形和带圆角的正方形，并且要加工出 4 个 φ8 mm 的圆孔。φ8 mm 孔的孔距有公差要求。材料为 LY15。

（2）加工工艺分析。

根据工件要求，首先铣上表面保证尺寸 25，粗加工 70 mm×70 mm 方形凸台，留 1 mm 的精加工余量，再加工菱形凸台，同样留 1 mm 的精加工余量，最后加工出 φ20 mm 的圆台。粗加工结束后再精加工方形、菱形及圆形凸台到尺寸。最后加工 4 个 φ8 mm 孔，孔有较高的公差要求，不能用钻头直接钻出，可以先用中心钻钻出定心孔，再用 φ7 mm 的钻头钻出底孔，用 φ7.85 mm 钻头扩孔，再用 φ8 mm 铰刀进行铰孔。该工件毛坯较方正，可用平口钳一次装夹完成所有加工。根据工件材料、机床状况和不同的刀具，选用不同的主轴转速和进给量。根据上述安排，可得到刀具卡和工序卡如表 4-16、表 4-17 所示。

表 4-16　数控加工刀具卡

顺序号	刀具 T 码	刀具规格	刀具类型	刀柄型号	长度补偿		半径补偿	
					补偿号	补偿值	补偿号	补偿值
1	T1	φ20 mm	立铣刀	SK40	H01		D01/D11	
2	T2	φ20 mm	立铣刀	SK40	H02		D02/D12	
3	T3	φ1.5 mm	中心钻	SK40	H03			

顺序号	刀具 T 码	刀具规格	刀具类型	刀柄型号	长度补偿		半径补偿	
					补偿号	补偿值	补偿号	补偿值
4	T4	$\phi7$ mm	钻头	SK40	H04			
5	T5	$\phi7.85$ mm	钻头	SK40	H05			
6	T6	$\phi8$ mm	铰刀	SK40	H06			
7	T7	$\phi90$ mm	面铣刀	SK40	H07			

表 4-17　数控加工工序卡

工步号	工步内容	刀具		刀柄型号	切削用量		
		编号	规格		主轴转速 /(r·min⁻¹)	进给速度 /(mm·min⁻¹)	背吃刀量 /mm
1	铣上表面保证 25 尺寸	T7	$\phi90$ mm 面铣刀	SK40	250	300	
2	粗铣 70 mm×70 mm 四边形至 72 mm×72 mm 高 10.5 mm	T1	$\phi20$ mm 立铣刀	SK40	600	100	
3	粗铣菱形单边及高度,留 1 mm 余量	T1	$\phi20$ mm 立铣刀	SK40	600	100	
4	粗铣圆柱至由 21,菱形上表面,留 1 mm 余量	T1	$\phi20$ mm 立铣刀	SK40	600	100	
5	精铣 70 mm×70 mm 四边形至尺寸,精铣菱形至尺寸	T2	$\phi20$ mm 立铣刀	SK40	800	80	
6	精铣菱形至尺寸	T2	$\phi20$ mm 立铣刀	SK40	800	80	
7	精铣圆柱至尺寸	T2	$\phi20$ mm 立铣刀	SK40	800	80	
8	中心钻钻 4×$\phi8$ mm 孔定位孔	T3	$\phi1.5$ mm 中心钻	SK40	2500	50	
9	钻 4×$\phi8$ mm 孔至 $\phi7$ mm	T4	$\phi7$ mm 钻头	SK40	1000	50	
10	钻 4×$\phi8$ mm 孔至 $\phi7.85$ mm	T5	$\phi7.85$ mm 钻头	SK40	1000	50	
11	铰 4×$\phi8$ mm 孔至 $\phi8$ mm	T6	$\phi8$ mm 铰刀	SK40	80	20	

(3)数控加工程序。

编程原点选在下底面的工件中心,程序如下:

O0012;　　　　　　　　　　　　　主程序

G54 G90 T07;

G28 Z0;

M06;　　　　　　　　　　　换用 7 号盘铣刀加工上表面

G43 H07 GOO X90 Y0 Z25;

S300 M03 M07 T1;

G01 X-90 F80;

G00 G49 Z200;

```
G28 Z0；
M06；                              换用 1 号刀
G43 H01 X52 Y0 Z27；
D01 T2 M03；
M98 P0100 L1                      调用外轮廓子程序进行粗加工
G28 Z0；
M06；                              换 2 号刀具
G43 H02 X52 Y0 Z27；
D02 T3 M03；
M98 P0100 L1；                     调用外轮廓子程序进行精加工
G28 Z0；
M06；                              换 3 号刀具
G00 G90 X25 Y25 G43 H03 Z50 S2000 M03；
G99 G81 R17 Z12 F50；              中心钻加工四个孔的导向孔
X-25；
Y-25；
X25；
G00 T04 X0 Y0；
G28 Z0；
M06；                              换 4 号刀具
M03 S300 T05；
GOO G90 X25 Y25 G43 H04 Z50；
G99 G81 R17 Z-4 F50；              第一次钻φ8 mm 孔至φ7 mm
X-25；
Y-25；
X25；
GOO X0 Y0；
G28 Z0；
M06；                              换 5 号刀具
M03 S300 T06；
GOO G90 X25 Y25 G43 H05 Z50；
G99 G81 R17 Z-4 F50；              扩孔至φ7.85 mm
X-25；
Y-25；
X25；
GOO X0 Y0；
G28 Z0；
M06；                              换 6 号刀具
M03 S300；
```

```
G00 G90 X25 Y25 G43 H06 Z50;
G99 G81 R17 Z-4 F50;                铰孔
X-25;
Y-25;
X25;
G00 X0 Y0 Z200;
M30;
O0100;                              外轮廓加工子程序
Z10;
G42 Y-17;
G02 X35 Y0 R17 F100;                圆弧切进加工 70 mm×70 mm 外轮廓
G01 Y25;
G03 X25 Y35 R10;
G01 X-25;
G03 X-35 Y25 R10;
G01 Y-25;
G03 X-25 Y-35 R10;
G01 X25;
G03 X35 Y-25 R10;
G01 Y0;
G02 X52 Y17 R17;
G00 G40 Y0;
Z15;
G01 G42 X30 Y0;                     加工菱形外轮廓
X0 Y20;
X-30 Y0;
X0 Y-20;
X30 Y0;
G40 X52;
G00 Z20;                            加工圆柱外轮廓
G01 G42 X10;
G03 I-10 J0;
G00 G40 X52;
Z27;
M99;
```

思考与练习题

1. 数控铣削加工有哪些形式？

2. 型腔铣削时走刀路线有哪些？各有什么特点？

3. 孔加工方法有哪些？各有什么特点？

4. 如图 4-18 所示工件，毛坯尺寸为 100 mm×80 mm×20 mm，制订其凸台轮廓的加工工艺并编写加工程序。

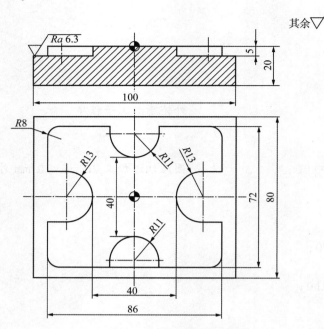

图 4-18 凸台轮廓零件

5. 如图 4-19 所示工件，使用刀具半径补偿，采用 φ8 mm 键槽铣刀加工图中所示 4 个方形宽槽，制订其加工工艺并编写加工程序。

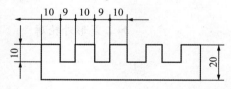

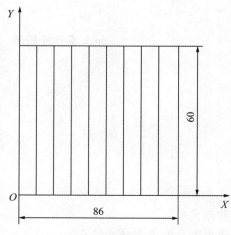

图 4-19 方形宽槽零件

6. 如图 4-20 所示孔板零件，在其表面加工图中所示尺寸的孔，制订其加工工艺并编写加工程序。

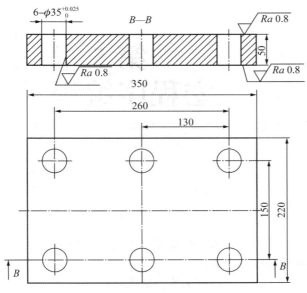

图 4-20　孔板零件

7. 如图 4-21 所示孔系工件，毛坯尺寸为 160 mm×70 mm×30 mm，加工图中所示尺寸的孔，制订其加工工艺并编写加工程序。

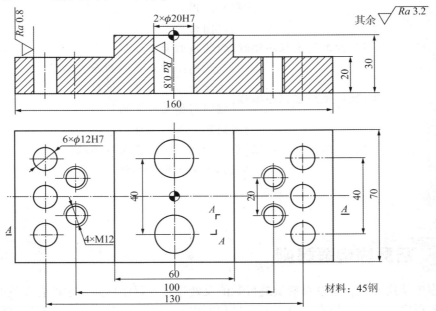

图 4-21　孔系工件

第 5 章
宏程序编程

🎯 章前导学 ▶▶ ▶

　　本章主要在宏程序编程的基础上，通过实例针对一般的 G 代码无法实现编程和加工的非圆曲面讲解宏程序编程思路与方法。

本章主要内容

宏程序编程基础
- 变量、赋值及引用
- 变量类型
- 变量运算
- 转移和循环语句
- 宏程序调用

数控车削宏程序编程
- 椭圆曲面宏编程
- 抛物线曲面宏编程
- 反比例函数双曲线曲面宏编程

数控铣削宏程序编程
- 正弦曲线槽宏程序编程
- 椭圆形槽宏程序编程

孔加工宏程序编程
- 圆周孔宏程序编程
- 平行四边形阵列孔宏程序编程
- 铣孔加工宏程序编程

5.1　宏程序编程基础

　　在程序中使用变量，通过对变量进行赋值及处理实现程序功能，这种有变量的程序叫宏程序。用宏程序编程的好处有：引入了变量和表达式，还有函数功能，具有实时动态计算功能，可以加工非圆曲线，如抛物线、椭圆、双曲线等；可以完成图形相似、尺寸不同的系列零件加工；可以简化编程，精简程序，适合复杂零件加工。

5.1.1 变量、赋值及引用

1. 变量

变量由符号"#"和后面的变量号组成，其中变量号可以是数值，也可以是表达式(此时，表达式必须封闭在括号中)，如#1、#30、#200、#300、#[#2＊3+1]、#[#30]等。可以用具体的数值对变量进行赋值，例如，"G01　X#100　Y#101　F#102"当#100＝50，#101＝60，#102＝80时，则此程序的实际含义是"G01 X50　Y60　F80"。

2. 变量赋值

变量赋值是指将一个数据赋予一个变量。例如，"#1＝0"表示变量#1 的值是 0。赋值的规律如下。

(1)赋值号"＝"两边内容不能随意互换，左边只能是变量，右边可以是表达式、数值或变量。例如，正确赋值#30＝#31+#32，#30＝#31，#30＝31；错误赋值#31+#32＝#30。需要注意的是用变量对变量进行赋值，赋值变量必须有明确的值。例如，在#30＝#31 中，如果#31没有明确的值，那么把#31 赋值给#30 是没有任何意义的。

(2)一个赋值语句只能给一个变量赋值。例如：

错误写法：#25＝23；#26＝32；#27＝3；

正确写法：#25＝23；

　　　　　#26＝32；

　　　　　#27＝3；

(3)多次给一个变量赋值，新变量值将取代原来的变量值(即最后赋的值生效)。例如：

#1＝2；

#1＝3；

#1＝4；

最终变量#1 中的内容为 4。

(4)赋值语句具有运算功能，一般形式为"变量＝表达式"，在赋值运算中，表达式可以是变量本身与其他数据的运算结果。例如，"#2＝#2+2"表示#2 的值为"#2+2"。

(5)有些场合不允许使用变量。例如：

程序名中：O#23；

跳转语句中：GOTO #20；

3. 变量的引用

在地址后指定变量号即可引用其变量值。当用表达式指定变量时，要把表达式放在括号中，如 G01 X[#1+#2] F#3；改变引用变量值的符号，要把"-"放在#的前面，如 G00 X-#1；当引用未定义的变量时，变量及地址字都被忽略，如当变量#1 的值是 0，并且变量#2 的值是空时，G00 X#1 Y#2 的执行结果为 G00 X0；在编程时，每个程序段只允许一个变量的定义或变量的运算，不能把多个变量写在同一行，否则系统报警，如错误写法：#10＝1；#11＝2。

5.1.2 变量类型

变量从功能上主要可以归纳为两种：系统变量和用户变量。系统变量是出于厂家对系统的保护，不可以随便写入数据改变其值。用户变量包括空变量、局部变量和公共变量，用户可以单独使用。变量类型及功能如表5-1所示。

表5-1　变量类型及功能

变量号	变量类型	功能
#0	空变量	该变量总是空，没有值能赋给该变量
#1 ~ #33	局部变量	局部变量只能用在宏程序中存储数据，如运算结果。当断电时，局部变量被初始化为空，调用宏程序时，自变量对局部变量赋值
#100 ~ #199	公共变量	公共变量在不同的宏程序中的意义相同。当断电时，变量#100 ~ #199 初始化为空。变量#500 ~ #999 的数据，即使断电也不丢失
#500 ~ #999		
#1000 以上	系统变量	系统变量用于读和写 CNC 的各种数据，如刀具的当前位置和补偿等

5.1.3　变量运算

变量的算术运算和逻辑运算如表5-2所示。

表5-2　变量的算术运算和逻辑运算

功能		格式	备注
定义		#i = #j	
算术运算	加法	#i = #j + #k	
	减法	#i = #j − #k	
	乘法	#i = #j * #k	
	除法	#i = #j/#k	
	正弦	#i = SIN[#j]	
	余弦	#i = COS[#j]	
	正切	#i = TAN[#j]	
	反正弦	#i = ASIN[#j]	三角函数及反三角函数的数值均以度为单位来指定，如90°30′表示为90.5°
	反余弦	#i = ACOS[#j]	
	反正切	#i = ATAN[#j]/[#k]	
	平方根	#i = SQRT[#j]	
	绝对值	#i = ABS[#j]	
	舍入	#i = ROUND[#j]	
	指数函数	#i = EXP[#j]	
	自然对数	#i = LN[#j]	
	上取整	#i = FIX[#j]	
	下取整	#i = FUP[#j]	

功能		格式	备注
逻辑运算	与	#iAND[#j]	
	或	#iOR[#j]	
	异或	#iXOR[#j]	
从 BCD 转为 BIN		#i = BIN[#j]	用于与 PMC 的信号交换
从 BIN 转为 BCD		#i = BCD[#j]	

宏程序计算注意：函数 SIN、COS 中的角度单位是度(°)，而(′)和(″)要换成带小数点的(°)。例如，90°30′表示为 90.5°，再如 30°18′表示为 30.3°。函数中的括号"[ ]"用于改变运算次序，最里层的"[ ]"优先运算。函数中的括号允许嵌套使用，但是最多只允许嵌套 5 级。当超过 5 级时，出现错误 P/S 报警 No.118。

5.1.4 转移和循环语句

在程序中，使用 GOTO 语句和 IF 语句可以改变控制的流向。有 3 种转移和循环操作可供使用：
GOTO 语句(无条件转移)
IF 语句(条件转移)
WHILE 语句(当(满足条件)时循环)

1. 无条件转移(GOTO 语句)

转移到标有顺序号 n 的程序段。当指定 1～9 999 以外的顺序号时，出现 P/S 报警 No.128，可用表达式指定顺序号。

格式：GOTO n；(n 为顺序号 1～9 999)

例如：GOTO 1；

GOTO #10；

2. 条件转移(IF 语句)

IF 之后指定条件表达式。

格式 1：IF [条件表达式] GOTO n；

如果指定的条件表达式满足，转移到标有顺序号 n 的程序段。如果指定的条件表达式不满足，顺序执行下一个程序段。

格式 2：IF [条件表达式] THEN；

如果条件表达式满足，执行预先决定的宏程序语句，且只能执行一个宏程序语句。

例如：IF [#2 GT #3] THEN #4 = 1；

如果#2 的值大于#3 的值，即#2 GT #3 成立，则将 1 赋值给#4。

注明：条件表达式必须包括运算符。运算符放在两个变量之间或变量和常数之间，条件表达式要用括号"[ ]"括住。表达式可以代替变量。运算符由两个字母组成，用于两个值的比较。运算符含义如表 5-3 所示。

表5-3 运算符含义

运算符	含义
EQ	等于(=)
NE	不等于(≠)
GT	大于(>)
GE	大于或等于(≥)
LT	小于(<)
LE	小于或等于(≤)

3. 循环(WHILE 语句)

在 WHILE 后指定一个条件表达式,当指定条件满足时,执行从 DO 到 END 之间的程序。条件不满足时,转移到 END 后的程序段。

格式: WHILE [条件表达式] DO m; (m=1, 2, 3)

…

END m;

注明:当指定的条件满足时,执行 WHILE 后从 DO 到 END 之间的程序,当条件不满足时,执行 END 之后的程序段。DO 后的数和 END 后的数是指定程序执行范围的识别号,标号值为1、2、3,且一对中识别号必须一致。如果识别号用1、2、3以外的值会产生报警。

在 DO-END 循环中的标号(1~3)可根据需要多次使用,但是当程序有交叉重复循环(DO 范围重叠)时,会出现报警。

在程序嵌套的应用形式上应注意以下几点。

(1)标号(1~3)可根据需要多次使用。例如:

WHILE […] DO 1;

…

END 1;

…

…

WHILE […] DO 1;

…

END 1;

(2)DO 的范围不能交叉。例如:

WHILE […] DO 1;

…

WHILE […] DO 2;

…

…

END 1;

…

END 2;

（3）DO 循环可以嵌套 3 级，例如：

```
WHILE [ … ] DO 1;
WHILE [ … ] DO 2;
WHILE [ … ] DO 3;
…
END3;
END2;
END1;
```

（4）控制可以转到循环的外边。例如：

```
WHILE [ … ] DO 1;
IF [ … ] GOTO n;
END 1;
Nn;
```

（5）转移不能进入循环区内。例如：

```
IF [ … ] GOTO n;
WHILE [ … ] DO 1;
Nn;
END 1;
```

注明：当指定 DO 而没有指定 WHILE 语句时，产生从 DO 到 END 的无限循环。

5.1.5　宏程序调用

宏程序调用分为非模态调用 G65 和模态调用 G66、G67。这里只介绍常用的非模态调用 G65，其执行过程如下：

```
O0010;                              O8020;（0001 ~ 8999 为宏程序号）
…                                   #7 = #2 + #3;
G65 P8020 L3 B2.0 C4.0;             IF[ #7 GT 300] GOTO 6;
…                                   G00 G91 X#7;
M30;                                N6 M99;结束并返回主程序
```

功能：G65 被指定时，地址 P 所指定的用户宏程序被调用，数据能传递到用户宏程序中。

格式：G65 Pn L <自变量表>；

其中，n 为要调用的程序序号；L 为重复的次数（缺省值为 1，取值范围为 1 ~ 9 999）。

自变量表：调用宏程序时，自变量对局部变量赋值，有两种类型，分别是自变量赋值 1 和自变量赋值 2。

自变量赋值 1 是使用除了 G、L、O、N、P 以外的字母，每个字母赋值一次，地址 I、J、K 必须按顺序使用，其他地址顺序无要求，地址与变量号的对应关系如表 5-4 所示。

表 5-4　地址与变量号的对应关系（自变量赋值 1）

地址	变量号	地址	变量号	地址	变量号
A	#1	I	#4	T	#20
B	#2	J	#5	U	#21
C	#3	K	#6	V	#22
D	#7	M	#13	W	#23
E	#8	Q	#17	X	#24
F	#9	R	#18	Y	#25
H	#11	S	#19	Z	#26

例如：G65 P2000 C3 B2 D5 J6 K9；（正确，J、K 符合顺序要求）

G65 P2000 C3 B2 D5 K9 J6；（不正确，J、K 不符合顺序要求）

自变量赋值 2 可使用 A、B、C 各 1 次，I、J、K 各 10 次，同组的 I、J、K 必须按顺序制订，不赋值的地址可以省略。I、J、K 的下标用于确定自变量指定的顺序，在实际编程中不写。地址与变量号的对应关系如表 5-5 所示。

表 5-5　地址与变量号的对应关系（自变量赋值 2）

地址	变量号	地址	变量号	地址	变量号	地址	变量号
A	#1	I_3	#10	I_6	#19	I_9	#28
B	#2	J_3	#11	J_6	#20	J_9	#29
C	#3	K_3	#12	K_6	#21	K_9	#30
I_1	#4	I_4	#13	I_7	#22	I_{10}	#31
J_1	#5	J_4	#14	J_7	#23	J_{10}	#32
K_1	#6	K_4	#15	K_7	#24	K_{10}	#33
I_2	#7	I_5	#16	I_8	#25		
J_2	#8	J_5	#17	J_8	#26		
K_2	#9	K_5	#18	K_8	#27		

本节主要学习宏程序基础知识。宏程序语句特征有：包含算术或逻辑运算的程序段；包含控制语句（如 GOTO、DO、END）的程序段；包含宏程序调用指令（如用 G65、G66、G67 或其他 G 指令、M 指令调用宏程序）的程序段。除了宏程序语句以外的任何程序段都为 NC 语句。

5.2　数控车削宏程序编程

一般数控系统只能进行直线和圆弧的插补指令和运动控制，当零件上有非圆曲面如椭圆、双曲线、抛物线、螺旋线及正余弦函数等曲线轮廓的加工时，一般的 G 代码就无法实现编程和加工，这时就必须借助计算机辅助软件或宏程序编程来实现。计算机辅助软件编程（自动编程）一般生成的程序是由 G01、G02、G03 等代码组成的，且程序较长，用户检查错误非常困难，执行效率低。在实际加工这类曲线轮廓时，可以把轮廓曲线分割为一系列较短的直线段，并逐渐逼近整条曲线，再通过建立数学模型和调用指令，通过数控系统内部计算出轮廓曲线上的各点坐标，从而实现将曲线的编程转换为一系列短直线或者短圆弧的数控编程。本节主要介绍数控车削宏程序编程。

5.2.1　椭圆曲面宏编程

例 5-1：加工图 5-1 所示椭圆形零件，毛坯为 $\phi38$ mm×110 mm 的棒料（包含夹持长度 30 mm），右端需要加工成半椭圆形的轮廓，椭圆解析方程为 $X^2/19^2 + Z^2/30^2 = 1$，材料为 45 钢，编制数控车削加工宏程序。

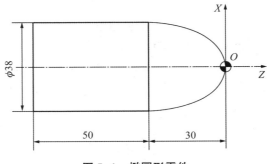

图 5-1　椭圆形零件

（1）零件图分析。

该零件表面由圆柱曲面、半椭圆曲面组成，材料为 45 钢，无热处理和硬度要求。需要注意的是在加工椭圆时，根据椭圆方程为 $\dfrac{X^2}{19^2} + \dfrac{Z^2}{30^2} = 1$，得到：$X = \pm \dfrac{19}{30} \times \sqrt{30^2 - Z^2}$。

已知，椭圆长半轴 $a=30$ mm，短半轴 $b=15$ mm。在编程时，采用直径编程，动点 P 的 X 坐标取直径值。

（2）加工工艺分析。

根据被加工零件外形和材料等条件，选用 FANUC 系统数控车床；采用自定心卡盘夹紧，确定坯料轴线和右端面为定位基准；加工顺序遵循由粗到精、由近到远（由右到左）的原则，即先从右到左粗车各面，然后从右到左精车各面；工件坐标系设定如图 5-1 所示；刀具选择硬质合金钢 90°外圆车刀。加工工序卡如表 5-6 所示。

表 5-6　车削椭圆加工工序卡

工序	主要内容	设备	刀具	切削用量		
				切削速度 /(m·min⁻¹)	进给量 /(mm·r⁻¹)	背吃刀量 /mm
1	粗车椭圆弧	数控车床	90°外圆车刀	120	0.2	2
2	精车椭圆弧	数控车床	90°外圆车刀	120	0.08	1

（3）数控加工程序如下：

O001；
G21；   选择公制尺寸
G50 S1800；   设定最高转速
G96 S120；   设定恒线速度
M03；   启动主轴
T0101；   选择刀具
G00 X40 Z2 M08；   确定循环起点并开切削液
G73 U11 W0 R10；
G73 P1 Q3 U1 W0 F0.2；   粗加工
N1 G00 X0；
G01 Z0 F0.08；
#1 =30；   椭圆长半轴
N2 #2 =19 * SQRT[1-#1 * #1 ╱[30 * 30]]；
G01 X[2 * #2] Z[#1-30]；   小段直线拟合
#1 =#1-0.1； Z 轴步长 0.1 mm
IF[#1GT0] GOTO2；
N3 X42；
G70 P1 Q3；   精加工
G00 X100 Z100；   回换刀点
M09；   切削液关
M05；   主轴停
M30；   程序结束

5.2.2　抛物线曲面宏编程

例 5-2：加工图 5-2 所示抛物线曲面零件，毛坯为 ϕ32 mm×60 mm 的棒料，材料为 45 钢，编制数控车削加工宏程序。

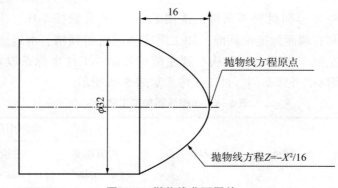

图 5-2　抛物线曲面零件

（1）零件图纸分析。

零件主要加工右端抛物线曲面，方程表达形式如图 5-2 所示。粗加工可考虑采用 G73 仿形加工指令，进给量为 0.3 mm/r，精加工采用宏程序编程方式，进给量为 0.15 mm/r。

（2）加工工艺分析。

该零件轮廓由抛物面组成。加工时，采取 X 向等距离散的方式，根据精度要求，将图中抛物面的 X 轴的步距设定为 0.05 mm。通过选择 X 轴的步距，将抛物面分成若干线段后，利用其数学方程式分别计算轮廓上各点的 Z 坐标，直到 Z=−16 时，结束相应轮廓的拟合加工。

（3）数控加工程序如下：

```
O0001;
G21;                              选择公制尺寸
M03 S800;                         主轴正转
T0101;                            选择刀具
G00 X150 Z150;
X35 Z0;
G01 X0 F0.15;                     车削断面
G00 X32 Z2;                       Z 向退刀
G73 U16 R8;
G73 P1 Q20 U0.5 W0.1 S800 F0.3;   粗加工
N1 G00 X0 S1000 F0.15;
G1 Z0;
#1=0;                             X 坐标条件变量
#2=0;                             Z 坐标计算变量
N10 G1 X[2*#1] Z[#2];             抛物线加工循环体
#1=#1+0.05;                       X 向半径变量
#2=-[#1*#1/16];                   X 向半径量转换后的抛物线 Z 坐标计算方程
IF[#1LE16] GOTO 10;               抛物线加工条件跳转
N20 G0 X32 Z2;
G70 P1 Q20;                       精加工
G0 X150 Z150;
M05;
M30;
```

5.2.3 反比例函数双曲线曲面宏编程

例 5-3：反比例函数双曲线零件如图 5-3 所示，反比例函数双曲线方程为 $X=100/Z$，零件材料为 45 钢，毛坯尺寸为 $\phi55$ mm×100 mm，编制数控车削加工宏程序。

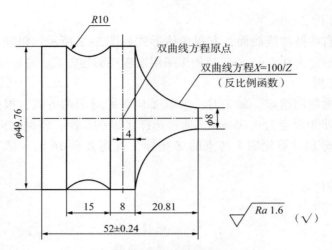

图 5-3　双曲线曲面零件

（1）零件图纸分析。

根据零件图纸，该零件由反比例函数双曲线曲面、圆柱面和圆弧面组成。反比例函数双曲线曲面是整个零件的加工难点和编程难点。

（2）加工工艺分析。

①由于零件为单件生产，因此前端面采用手动加工方式，设 Z 轴步距为 0.5 mm，粗加工进给量为 0.3 mm/r，精加工进给量为 0.1 mm/r。

②采用自定心卡盘装夹工件右端，伸出长度 70 mm。

③工件坐标系零点选在工件右端面中心处。

④刀具加工起点选在距前端面 3 mm、直径 ϕ56 mm 处。

⑤加工刀具确定：为防止加工圆弧产生过切，刀尖角度不宜太大，选择 35° 刀片。

（3）数控加工程序如下：

O0063；	主程序名
N10 T0101；	选择刀具
N20 G21 S300 M03 M08；	尺寸选择公制、主轴正转、切削液开
N30 G00 G40 X56.0 Z3.0；	设定起始循环点、取消补偿
N40 G73 U20.0 W1.0 R19；	
N50 G73 P60 Q190 U1.0 W0.0 F0.3；	粗精工
N60 G00 G42 X8.0 S1600；	右补偿、精车转速设定、X 轴至精车起点
N70 G01 Z0.0；	Z 轴至精车起点
N80 #1=24.81；	Z 轴变量初值
N90 #2=4；	X 坐标变量
N100 #3=0；	双曲线坐标原点在工件坐标系下的 X 坐标
N110 #4=−24.81；	工件坐标系下的 Z 坐标值
N120 #5=100/#1；	计算 X 值
N130 G01 X[2*#5+#3] Z[#1+#4]；	双曲线插补

N140 #1 = #1 - 0.5；　　　　　　　　Z 轴步距递减 0.5 mm

N150 IF[#1 GE#2]GOTO 120；　　　　条件转移至 N120 行

N160 G01 X49.76 Z-20.81；　　　　　至 X49.76、Z-20.81 点

N170 X49.76 Z-28.81；　　　　　　　精车 ϕ49.76 mm 外圆

N180 G02 X49.76 W-15.0 R10；　　　精车 R10 mm 外圆

N190 G01 Z-52.0；　　　　　　　　　精车 ϕ49.76 mm 外圆

N200 G70 P60 Q180 F0.1；　　　　　精加工

N210 G01 X55；　　　　　　　　　　 X 向退刀

N220 M02；　　　　　　　　　　　　 程序结束

5.3　数控铣削宏程序编程

在数控加工中，数控铣削是常见的加工方式。零件图形的构成要素是点和线，所以找点和线的规律是宏程序编程的核心。在通常的非圆曲线中，很多点的坐标位置很难确定，并不能通过图纸中的尺寸标注直接找出，必须通过数学方法把节点的坐标位置值换算出来。在宏程序中，用变量的方式来表达这一求解过程，数控机床就能自己找出点的位置，点的位置求解放在变量参数里面，不需要知道它的具体结果，只要把这个变量参数当作点的坐标放在编程语句中，数控系统自己计算求得。本节主要介绍数控铣削宏程序编程。

5.3.1　正弦曲线槽宏程序编程

例 5-4：如图 5-4 所示，在一个长度为 200 mm，宽度为 160 mm，高度为 20 mm 的长方体上铣削一个正弦曲线槽，槽的宽度为 20 mm，深度为 5 mm，正弦曲线的表达式为 $Y = 30\sin X$，编制数控铣削加工宏程序。

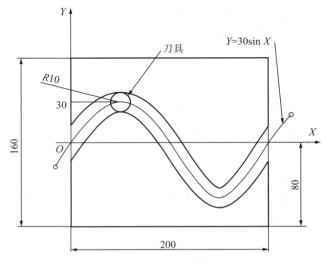

图 5-4　正弦曲线槽零件

（1）零件图分析。

根据零件图可知该曲线槽非圆类曲线，宜采用宏程序编程。零件长度为 200 mm，正弦的幅值为 30 mm。正弦曲线的表达式为 $Y = 30\sin X$。令 #1 = 30（正弦曲线幅值），#2 = 200（正弦曲线有效长度），#3 = 10（刀具半径），#4 = −30（刀具切入点），#5 = 390（刀具切出点）。

在宏程序编写之前，需要解决一个问题，由于曲线方程式中 X 代表的是角度值，而 #2 是位移值，因此要把 #2 的长度单位转化为角度单位。方法就是把曲线所在角度的取值范围除以总长，使其变成一个角度的单位增量，在宏程序的递增关系中，单位角度增量也随之增加或减小，从而使长度的递增转化为角度的递增。由于正弦曲线正好可作为刀具铣削轨迹路径，因此在编程时不必考虑刀具的半径补偿问题。同时，为了保证轮廓的曲线的光滑，刀具的切入点和切出点需要考虑。此例中的切入点向左移动了 30°，切出点向右移动了 30°。

（2）加工工艺分析。

①毛坯的选择。

该零件的毛坯选择长度为 200 mm，宽为 160 mm，高度为 20 mm 的长方体，毛坯的材料为 45 钢。

②加工设备选取。

对该零件进行加工时，选用 FANUC 系统三轴联动数控铣床。

③确定零件的定位基准和夹装方式。

装夹方式采用台虎钳，一次装夹完成加工。

④确定加工方案。

槽的形状为正弦曲线，图 5-4 中给出的正弦曲线为槽的中心线，所以正弦曲线可作为刀具铣削轨迹路线，同时也给编程带来了方便，因为不用再考虑刀具的半径补偿。为保证轮廓的曲线的光滑，刀具的切入点和切出点也需要考虑。此例中的切入点向左移动了 30°，切出点向右移动了 30°。

⑤刀具选择。

槽的宽度为 20 mm，所以可选择直径为 ϕ20 mm 的立铣刀对槽进行加工，刀具材料为硬质合金钢。将选定的刀具参数填入数控加工刀具卡中，如表 5-7 所示。

表 5-7　数控加工刀具卡

序号	刀具号	刀具			加工表面	备注
		规格名称	数量	刀长/mm		
1	T01	ϕ20 mm 立铣刀	1	75	铣削正弦槽	
编制		审核		批准	年　月　日	共 页　第 页

⑥确定切削用量。

工艺处理中必须正确选择切削用量，即背吃刀量、主轴转速及进给速度。切削用量的具体数值，应根据数控机床的使用说明书的规定、被加工工件材料的类型、加工工序（如车铣、钻等粗加工、半精加工、精加工等）以及其他工艺要求，并结合实际经验来确定。数控加工工序卡如表 5-8 所示。

表 5-8　数控加工工序卡

加工工序卡	产品名称	零件名称	材料		图号
			45 钢		
工序号	程序编号	夹具名称	使用设备		
3		虎钳	加工中心		
工步号	工步内容	刀具号	刀具规格/mm	主轴转速/(r·min⁻¹)	进给速度/(mm·min⁻¹)	背吃刀量/mm
1	铣削正弦槽	T01	φ20	1 200	600	2
编制		审核	批准		共　页

（3）数控加工程序。

在毛坯上表面左侧边的中点建立工件坐标系，程序如下：

```
O0004;                            程序名
G40 G49 G80 G90 G69 G17 G15 G21;  初始化
T01 M06;                          换 01 号刀
G54 X0 Y0;                        程序开始，定位于 G54 原点
M03 S1000;                        主轴正转，转速为 1 000 r/min
G00 G43 Z10 H01;                  刀具长度补偿，原点上方 10 mm 的高度
#1 =30;                           正弦曲线幅值
#2 =200;                          正弦曲线有效长度
#3 =10;                           刀具半径
#4 =#2 /360;                      单位角度的数值
#5 =-30;                          从-30°开始加工
#6 =390;                          加工到 390°
#7 =#4 * #5;                      起始点 X 轴坐标系
#8 =#1 * SIN[ #5 ];               起始点 Y 轴坐标系
G01 X#7 Y#8 F1000;                走刀至起刀点上方
G01 Z-5;                          下刀至加工深度
WHILE [ #5 LE #6 ] DO 1;          如果#5 <#6，执行循环体 1
#7 =#4 * #5;                      X 轴坐标值
#8 =#1 * SIN[ #5 ];               Y 轴坐标值
G01 X#7 Y#8 F600;                 对正弦槽进行加工
#5 =#5 +1;                        角度增量加 1°
END 1;                            循环体 1 结束
G40G00 Z100;                      取消刀具长度补偿，抬刀至 100 mm 位置处
M05;                              主轴停转
M30;                              程序结束
```

5.3.2 椭圆形槽宏程序编程

例5-5：如图5-5所示椭圆形槽零件，已知毛坯为100 mm×100 mm×15 mm 的方形坯料，顶面、底面和4个侧面均已加工完成。在该方形毛坯上加工图示椭圆形槽，材料为45钢，编制数控铣削加工宏程序。

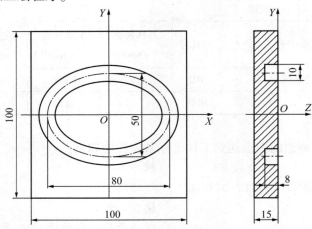

图5-5 椭圆形槽零件

（1）零件图分析。

如图5-5所示，工件坐标系建立在工件上表面中心处。椭圆长半轴 $a = 40$ mm，短半轴 $b = 25$ mm，可得出椭圆方程为：$\dfrac{X^2}{a^2} + \dfrac{Y^2}{b^2} = 1$，即得 $Y = \dfrac{25}{40}\sqrt{40^2 - x^2}$。

（2）加工工艺分析。

毛坯为方形料且六面均已加工，装夹定位考虑可采用压板或台虎钳均可；为了提高切削效率，采用 T01 为 $\phi10$ mm 的键槽铣刀，按椭圆槽中心轨迹运动，每次背吃刀量为 4 mm，分两次进刀完成；根据工件材料结合实际经验，加工工艺参数选择如下：主轴转速 $n = 1\,500$ r/min；进给速度 $v_f = 50$ mm/min；背吃刀量 = 4 mm。数控加工工序卡如表5-9所示。

表5-9 数控加工工序卡

加工工序卡	产品名称	零件名称	材料		图号
			45 钢		
工序号	程序编号	夹具名称	使用设备		
3		台虎钳	加工中心		
工步号	工步内容	刀具号	刀具规格 /mm	主轴转速 /(r·min⁻¹)	进给速度 /(mm·min⁻¹)	背吃刀量 /mm
1	铣削椭圆形槽	T01	$\phi10$	1 500	50	4
编制		审核		批准		共 页

（3）数控加工程序如下：

```
01010;                          程序名
N10 G90 G54 G00 X0 Y0 Z50;      选用 G54 坐标系，定义初始高度
```

N20 M03 S1500;	主轴正转，转速为 1 500 r/min
N30 G00 X-40 Y0;	快速定位至椭圆左端点
N40 Z3;	快速下刀至工件表面 Z3 处
N50 #10 = -4;	Z 坐标赋值(第一次下刀深度)
N60 M98 P0055;	调用子程序(第一层加工)
N70 #10 = #10-4;	修改 Z 坐标(第二次下刀深度)
N80 M98 P0055;	调用子程序(第二层加工)
N90 G01 Z3;	抬刀
N100 G00 X0 Y0 Z50;	返回起始点
N110 M05;	主轴停
N120 M30;	程序结束
O0055;	子程序名
N10 G01 Z[#10] F100;	下刀至铣削深度
N20 #1 = -40;	给自变量 X 赋值，起点为 -40
N30 WHILE[#1 LE 40] DO1;	循环语句，加工上半椭圆
N40 #2 = 25/40 * SQRT[40 * 40-#1 * #1];	计算因变量 Y 的值
N50 G01 X[#1] Y[#2] F50;	直线插补至相邻节点
N60 #1 = #1+0.5;	修改 X 坐标(步长 0.5 mm)
N70 END1;	循环语句结束
N80 #1 = 40;	给自变量 X 赋值，起点为 40
N90 WHILE[#1 GE -40] DO2;	循环语句，加工下半椭圆
N100 #2 = 25/40 * SQRT[40 * 40-#1 * #1];	计算应变量 Y 的值
N110 G01 X[#1] Y-[#2] F50;	直线插补至相邻节点
N120 #1 = #1-0.5;	修改 X 坐标(步长 0.5 mm)
N130 END2;	循环语句结束
N140 M99;	子程序结束返回

该例题通过主程序调用子程序，子程序运用宏编程的方式完成椭圆形槽的加工。

5.4　孔加工宏程序编程

孔加工是数控加工中较为常见的加工任务，熟练掌握宏程序在孔加工中的应用是学习宏程序编程最基本的要求。孔类宏程序的编程是所有宏程序运用的基础，熟练掌握孔类宏程序的编程是有很大好处的。孔分布的形式千变万化，找出图形的共性，并采用宏程序语言对这种共性进行演化是孔类宏程序编程的重点。

工程上经常会遇到一些按规律均匀分布的孔，在编程中，如果采用逐点计算编程，会增加编程者很大的计算工作量。采用宏程序编程，可以大大减少计算量，使程序简洁、省时，又具有一定的通用性和适应性。

5.4.1　圆周孔宏程序编程

例 5-6：如图 5-6 所示圆周孔零件，编制宏程序加工圆周上的孔，孔深为 Z。圆周半径

为 I，起始角为 A，间隔为 B，钻孔数为 H，圆的中心是 $(X，Y)$。材料为 45 钢。

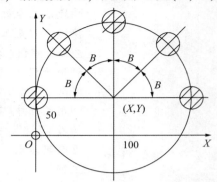

图 5-6　圆周孔零件

（1）零件图分析。

如图 5-6 所示，5 个孔分布在直径为 200 mm 的圆周上，圆周中心坐标为（100，50），相邻两孔之间角度为 45°。

（2）加工工艺分析。

根据毛坯及加工图样的要求，宜采用钻孔加工，选择 FANUC 系统数控铣床。加工路径选择最右边孔作为第一个孔加工，然后按照逆时针方向逐一加工。由于各个孔的直径及深度一样，仅位置发生变化，因此可在主程序中采用 G65 调用宏程序的方案进行编程。各个自变量定义如下。

X：圆心 X 坐标，绝对值或增量值指定（#24）。

Y：圆心 Y 坐标，绝对值或增量值指定（#25）。

Z：孔深（#26）

R：快速趋近点坐标（#18）。

F：进给速度（#9）。

I：圆半径（#4）。

A：第一孔的角度（#1）。

B：增量角指定，负值时为顺时针（#2）。

H：孔数（#11）。

（3）数控加工程序如下：

```
O0003;                         主程序
N01 G90 G80 G21 G92 X0 Y0 Z100;   根据刀具当前点设定工件坐标系
N02 M03 S800;                  启动主轴
N03 G65 P8100 X100 Y50 R30 Z-50 F500 I100 A0 B45 H5;
                               调用宏程序
N04 M05;                       主轴停
N05 M30;                       程序结束
O8100;                         宏程序
N1 WHILE[ #11 GT 0 ] D0 1;
#5 = #24 +#4 * COS[ #1 ];        计算孔 X 坐标
```

```
#6 = #25+#4 * SIN[#1] ;          计算孔 Y 坐标
G00 X#5 Y#6 ;                    孔定位
G81 Z#26 R#18 F#9 ;              钻孔循环
#1 = #1 +#2 ;                    更新角度
#11 = #11 -1 ;                   孔数减 1
G80 ;                           取消孔加工循环
END 1 ;
M99 ;
```

该例题通过 G65 调用宏程序并传递变量数值的方式加工圆周孔。宏程序与子程序相同的一点是，一个宏程序可被另一个宏程序调用，最多嵌套 4 层。

5.4.2　平行四边形阵列孔宏程序编程

例 5-7：加工图 5-7 所示按平行四边形分布的阵列孔零件，编写加工该阵列孔的宏程序。

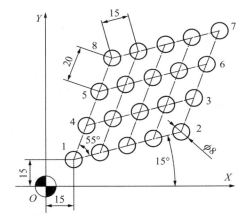

图 5-7　平行四边形阵列孔零件

（1）零件图分析。

如图 5-7 所示，按平行四边形分布的阵列孔零件，孔径为 8 mm，孔深为 10 mm，各孔横向中心距为 15 mm，纵向中心距为 20 mm，横向中心连线与 X 轴夹角为 15°，行与列中心连线夹角为 55°。

（2）加工工艺分析。

①编程原点及工艺路线。工件坐标系原点如图 5-7 所示，孔 1 圆心坐标为（15，15），按 1→2→3→4→5→6→7→8 的路线依次加工各孔。

②变量设定及定义。变量设定如表 5-10 所示。

表 5-10　平行阵列孔加工变量设定

地址（自变量）	变量号	定义内容
A	#1	横向与 X 轴夹角
B	#2	行与列中心连线夹角

续表

地址(自变量)	变量号	定义内容
C	#3	阵列孔行数
D	#7	阵列孔列数
I	#4	阵列孔横向中心距
J	#5	阵列孔纵向中心距
F	#9	进给速度
R	#18	安全平面高度
X	#24	孔1中心的 X 坐标值
Y	#25	孔1中心的 Y 坐标值
Z	#26	孔的深度

③数控加工工序卡如表5-11所示。

表5-11 数控加工工序卡

加工工序卡		产品名称	零件名称		材料		图号
					45钢		
工序号	程序编号	夹具名称	使用设备				
3		台虎钳	加工中心				
工步号	工步内容		刀具号	刀具规格/mm	主轴转速/(r·min⁻¹)	进给速度/(mm·min⁻¹)	背吃刀量/mm
1	平行四边形分布的阵列孔		T01	φ8	800	160	0
编制		审核	批准				共 页

（3）数控加工程序如下：

```
O3002；                          主程序
G17 G21 G49 G80；                加工初始设置
S800 M03；                       设定转速
G54 G90 G00 X0 Y0；
G43 H02 Z50；                    建立刀具长度补偿
G65 P3010 X15 Y15 Z-10 R5 F160 A15 B55 C4 D5 I15 J20；
                                 调用宏程序
M05；
M30；                            主程序结束
O3010；                          宏程序(子程序)
G52 X#24 Y#25；                  在孔1处建立局部坐标系
G17 G68 X0 Y0 R#1；              以孔1圆心为中心，坐标系旋转#1角度
G00 X0 Y0；                      快速定位到局部坐标系原点
#6 =1；                          行数赋初值
```

```
WHILE[#6 LE #3] DO1;                          当 #6 ≤ #3 时，循环 1 开始
#8 = 1;                                        列数赋初值
WHILE[#8 LE #7] DO2;                          当 #8 ≤ #7 时，循环 2 开始
IF[[#6 AND 1] EQ 0] GOTO1;                    如果 #6 为偶数时，跳转至 N1
#20 = #4 * [#8 -1] + #5 * [#6 -1] * COS[#2];
                                              奇数行孔的 X 坐标值
#21 = #5 * [#6 -1] * SIN[#2];                 奇数行孔的 Y 坐标值
GOTO2;                                         无条件转移到 N2
N1 #20 = #4 * [#7 - #8] + #5 * [#6 -1] * COS[#2];
                                              偶数行孔的 X 坐标值
#21 = #5 * [#6 -1] * SIN[#2];                 偶数行孔的 Y 坐标值
N2 G99 G83 X#20 Y#21 Z#26 R#18 Q5 F#9;
                                              G83 方式钻孔
#8 = #8 +1;                                   列数递增 1
END2;                                          循环 2 结束
#6 = #6 +1;                                   行数递增 1
END1;                                          循环 1 结束
G00 G80 Z50;                                  取消孔加工固定循环并提刀到初始平面
G69;                                          取消坐标系旋转
G52 X0 Y0;                                    取消局部坐标系，恢复 G54 原点
G00 X0 Y0;                                    快速移动到原坐标系零点
M99;                                          程序结束并返回
```

5.4.3　铣孔加工宏程序编程

例 5-8： 如图 5-8 所示孔板零件，铣削加工 $\phi18$ mm 通孔、$\phi28$ mm 沉孔、$\phi16$ mm 通孔。刀具为 $\phi10$ mm 端铣刀，采用宏程序编程。

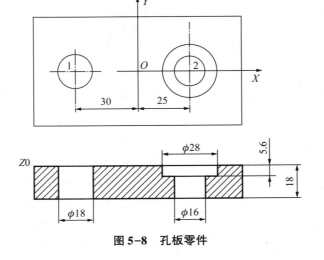

图 5-8　孔板零件

（1）零件图分析。

根据零件图，要求铣削加工 $\phi18$ mm 通孔、$\phi28$ mm 沉孔、$\phi16$ mm 通孔 3 种规格孔。

（2）加工工艺分析。

①编程原点及工艺路线。如图 5-8 所示，工件坐标系原点设定在上表面中心处，孔 1 圆心坐标为（-30，0），孔 2 圆心坐标为（25，0），按 $\phi18$ mm 通孔→$\phi28$ mm 沉孔→$\phi16$ mm 通孔的路线依次铣削加工各孔。

②变量设定及定义。变量设定如表 5-12 所示。

表 5-12　平行阵列孔加工变量设定

地址（自变量）	变量号	定义内容
A	#1	圆孔直径
B	#2	孔深
C	#3	刀具直径
I	#4	Z 坐标设为自变量
F	#9	进给速度
Q	#17	每次切深递增量（层间距）

（3）数控加工程序如下：

```
O0520;                          主程序
T01 M06;                        换上 φ10 mm 铣刀
S800 M03;
G54 G90 G00 X0 Y0;              工件坐标系选择
G52 X-30 Y0;                    在孔 1 处建立局部坐标系
G65 P1522 A18 B19 C10 I0 Q0.95 F200;
                                精加工 φ18 mm 通孔
G52 X25 Y0;                     在孔 2 处建立局部坐标系
G65 P1522 A28 B5.6 C10 I0 Q1.12 F200;
                                铣削 φ28 mm 沉孔
G65 P1522 A16 B19 C10 I5.6 Q1.34 F200;
                                铣削 φ16 mm 通孔
G52 X0 Y0;                      取消局部坐标系返回 G54 坐标系
M30;
O1522;                          宏程序
#5 =[ #1-#3 ]/2;                螺旋加工时刀具中心的回转半径
G00 X#5;                        G00 移动到起始点上方
Z[ -#4+1 ];                     G00 下降至 Z-#4 面以上一点
G01 Z-#4 F[ #9 * 0.2 ];         Z 方向下降至当前开始加工深度 Z-#4
WHILE[ #4 LT #2 ]D01;           如果加工深度#4＜圆孔深度#2，循环 1
```

#4 = #4 +#17;	Z 坐标依次递增#17
G03 I-#5 Z-#4 F#9;	逆时针螺旋加工至下一层
END1;	循环 1 结束
G03 I-#5;	到达圆孔深度逆时针走一整圈
G01X[#5-1];	G01 向中心退 1 mm
G00Z30;	快速退刀至安全高度
M99;	宏程序结束返回

该例题运用了 G52 建立局部坐标系的方法及运用 G65 调用宏程序并传递变量值的方式铣削 3 个孔。

思考与练习题 ▶▶ ▶

1. 在宏程序编程中定义变量及变量赋值时应注意哪些事项？

2. FUNAC 数控系统在宏程序编程中使用的循环与转移语句都有哪些？

3. 如图 5-9 所示余弦曲面工件，毛坯尺寸为 80 mm×60 mm×25 mm，试制订凸台轮廓加工工艺并编写其加工程序。

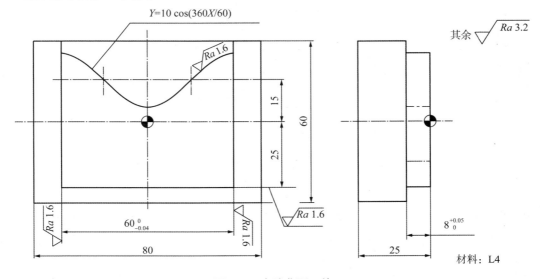

图 5-9 余弦曲面工件

4. 如图 5-10 所示椭圆形槽零件，在工件表面加工深度为 8 mm、长轴为 100 mm、短轴为 50 mm 的椭圆形槽，试制订其加工工艺并编写其加工程序。

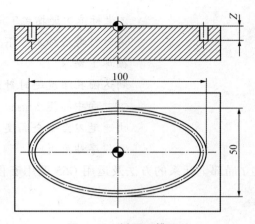

图 5-10 椭圆形槽零件

5. 数控车削加工图 5-11 所示抛物线曲面零件，毛坯为 $\phi55$ mm×110 mm 铝合金棒料，试制订其加工工艺并编写其加工程序。

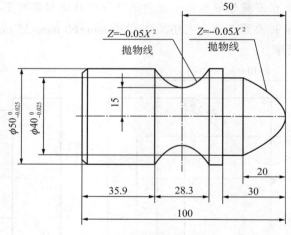

图 5-11 抛物线曲面零件

6. 如图 5-12 所示孔系零件，采用宏编程方式加工图中直径为 6 mm、深度为 15 mm 的孔群，试制订其加工工艺并编写其加工程序。

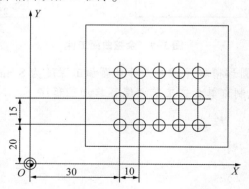

图 5-12 孔系零件

第6章
自动编程

🛞 **章前导学** ▶▶ ▶

　　自动编程是利用计算机专用软件编制数控加工程序的过程，当前较为流行的自动编程软件有 UG NX、Pro／E、CATIA、PowerMill、MasterCAM 等。本章主要介绍 UG 自动编程技术在机械零件加工领域中的应用。

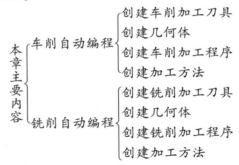

6.1　车削自动编程

　　本节通过实例来讲解车削自动编程技术在轴类零件加工中的应用，使初学者能够对车削自动编程技术快速入门。

　　例6-1：数控车削图 6-1 所示轴类零件，毛坯为 ϕ60 mm×100 mm 的圆柱棒料，材料为 45 钢，运用 UG 自动编程技术编程。

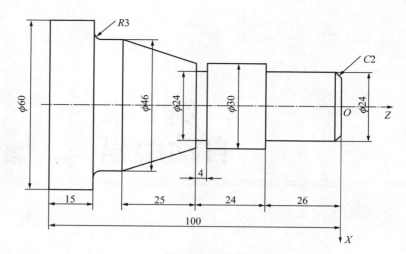

图 6-1 轴类零件

（1）零件图分析。

该零件的加工表面由外圆柱面、圆弧面以及槽组成，零件的材料为 45 钢，毛坯为 $\phi 60$ mm×100 mm 的圆柱棒料，无热处理及硬度要求。

（2）加工工艺分析。

①夹具的选择。

由于零件为圆柱形，则选用自定心卡盘对工件进行装夹，一次装夹即可完成要加工的部分。

②加工工艺方案。

首先对外圆进行粗车，然后精车轴的外轮廓使其达到尺寸要求，最后对槽进行加工。

③刀具的选择。

选择负偏角为 35°的车刀对轴外圆进行车削，刀具的材料为硬质合金钢；采用宽度为 4 mm 的切槽刀对轴上的槽进行加工，刀具的材料为硬质合金钢。数控加工刀具卡如表 6-1 所示。

表 6-1 数控加工刀具卡

产品名称或代号				零件名称		零件图号	
序号	刀具号	刀具规格名称		数量	加工表面		备注
1	T01	外圆车刀		1	粗、精车外圆		
2	T02	切槽刀		1	切槽加工		
编制		审核		批准		共 页	第 页

④切削用量的确定。

根据刀具材料和工件材料，参考切削用量手册或有关资料选取切削速度与每转进给量，根据实践经验进行修正，最后填入表 6-2 所示的数控加工工序卡中。

表 6-2 数控加工工序卡

单位名称		产品名称或代号		零件名称		零件图号	
				轴 1			
工序号	程序号	夹具名称		使用设备		车 间	
		自定心卡盘		车床			
工步号	工步内容	刀具号	刀具长 /mm	主轴转速 /(r·min⁻¹)	进给量 /(mm·r⁻¹)	背吃刀量 /mm	备注
1	粗、精车外圆	T01	120	800	0.1	2	
2	切槽加工	T02	120	600	0.2	0.5	
编制		审核		批准		年 月 日	共 页 第 页

（3）自动编程。

根据零件图纸使用 UG 10.0 软件的建模模块，建立零件三维模型如图 6-2 所示。如图 6-3 所示，零件径向的半透明圆柱为工件毛坯，在建模时调整到与零件模型不同的图层，并设置其透明度为 54%，以便后续的自动编程。

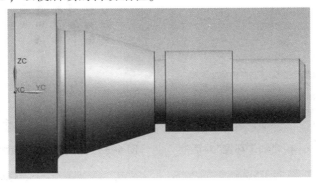

图 6-2 阶梯轴

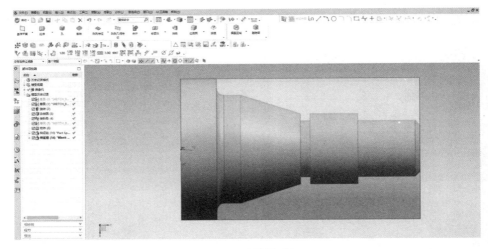

图 6-3 阶梯轴毛坯

①加工环境的设置。单击菜单栏中的"启动"→"加工"命令，弹出"加工环境"对话框，如图6-4所示。在"CAM会话配置"选项组中选择cam_general，在"要创建的CAM设置"选项组中选择turning，单击"确定"按钮进入到零件的加工环境。

②创建车刀。单击菜单栏中的"插入"→"刀具"命令，弹出"创建刀具"对话框，如图6-5所示。在该对话框的"类型"下拉列表框中选择turning，在"刀具子类型"选项组中选择OD_55_L刀具，单击"确定"按钮，完成刀具类型的选择。进入"车刀-标准"对话框，在"工具"选项卡的"长度"文本框中设置刀片长度为10，并且在"刀具号"文本框中设置刀具号为1，其他的参数采用默认设置，如图6-6所示，完成刀具T01的参数设置。切换至"夹持器"选项卡，在"尺寸"选项组中设置刀柄"（L）长度"为120，"（W）宽度"为20，"（SW）柄宽度"为15，"（SL）柄线"为20，"（HA）夹持器角度"为90，单击"确定"按钮，刀具创建完成，如图6-7所示。

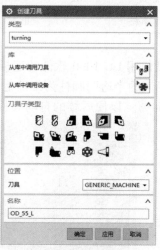

图6-4 "加工环境"对话框 **图6-5** "创建刀具"对话框

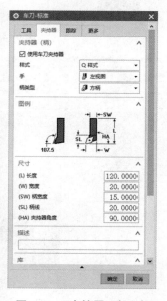

图6-6 "工具"选项卡 **图6-7** "夹持器"选项卡

③创建切槽刀。单击菜单栏中的"插入"→"刀具"命令，弹出"创建刀具"对话框，如图6-8所示。在该对话框的"类型"下拉列表框中选择turning，在"刀具子类型"选项组中选择OD_ GROOVE_ L刀具，单击"确定"按钮，完成刀具类型的选择。进入"槽刀-标准"对话框，在"工具"选项卡的"尺寸"选项组中设置"（OA）方向角度"为90，"（IL）刀片长度"为10，"（IW）刀片宽度"为3.5，"（R）半径"为0.2，"（SA）侧角"为2，"（TA）尖角"为0，并且在"刀具号"文本框中设置刀具号为2，其他的参数采用默认设置，如图6-9所示，完成刀具T02的参数设置。切换至"夹持器"选项卡，在"尺寸"选项组中设置刀柄"（L）长度"为120，"（W）宽度"为20，"（SW）柄宽度"为15，"（SL）柄线"为45，"（IE）刀片延伸"为20，"（HA）夹持器角度"为90，单击"确定"按钮，切槽刀具创建完成，如图6-10所示。

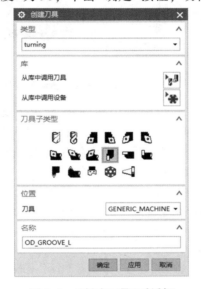

图6-8 "创建刀具"对话框

图6-9 "工具"选项卡

图6-10 "夹持器"选项卡

④工件坐标系的设置。在工序导航器中找到 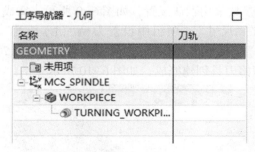 MCS_SPINDLE并双击，如图 6-11 所示，进入"MCS 主轴"对话框，单击"指定 MCS"右边的 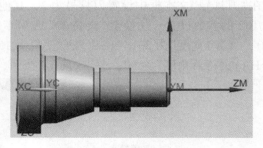，进入 CSYS 对话框，在"类型"文本框中选择"动态"，如果坐标系的 Z 轴不为轴零件的回转中心，这时就要把坐标系的 Z 轴调整到轴零件的回转中心，然后单击"确定"按钮。工件坐标系的位置设在零件的右端面，如图 6-12 所示。

图 6-11　工序导航器

图 6-12　创建工件坐标系

⑤创建部件几何体和毛坯几何体。在工序导航器中找到 WORKPIECE并双击，如图 6-11 所示，进入"工件"对话框，如图 6-13 所示。单击"工件"对话框的"指定部件"按钮，弹出"部件几何体"对话框，如图 6-14 所示。选中工作界面中的几何体，然后单击"确定"按钮，这时"指定部件"选择完成，右边的手电筒会变成蓝色。再单击"工件"对话框的"指定毛坯"按钮，弹出"毛坯几何体"对话框，如图 6-15 所示。通过图层显示出毛坯，选中工作界面中的毛坯，然后单击"确定"按钮，这时"指定毛坯"选择完成，右边的手电筒会变成蓝色，如图 6-16 所示。这样，部件几何体和毛坯几何体就创建完成了。

图 6-13　"工件"对话框

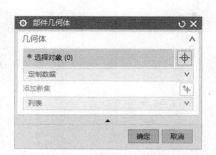

图 6-14　"部件几何体"对话框

图 6-15　"毛坯几何体"对话框

图 6-16　部件几何体和毛坯几何体创建完成

⑥创建粗车外圆程序。单击菜单栏中的"插入"→"工序"命令，会弹出"创建工序"对话框，如图 6-17 所示。在对话框的"工序子类型"中单击 ROUGH_ TURN_ OD 按钮，设置"程序"为 PROGRAM，"刀具"为 OD_ 55_ L（车刀-标准），"几何体"为 TURNING_ WORK-PIECE，"方法"为 LATHE_ ROUGH。

⑦单击图 6-17 中的"确定"按钮，系统会弹出"外径粗车-[粗车]"对话框，如图 6-18 所示。在"切削策略"选项组的"策略"下拉列表框中选择"单向线性切削"为走刀模式。在"刀轨设置"选项组的"步进"框的"切削深度"下拉列表框中选择"恒定"，将"深度"设为 1 mm。在"变换模式"下拉列表框中选择"根据层"，在"清理"下拉列表框中选择"全部"。

图 6-17　"创建工序"对话框

图 6-18　"外径粗车-[粗车]"对话框

⑧设置切削参数。如图 6-18 所示，单击"切削参数"右边的  按钮，系统会弹出"切削参数"对话框，如图 6-19 所示。在"余量"选项卡中，设置"粗加工余量"选项组的"恒定"为 0.2，"面"为 0.5，"径向"为 0.7，其他参数为默认状态。单击"确定"按钮，返回"外径粗车-[粗车]"对话框。

⑨设置非切削移动。如图 6-18 所示，单击"非切削移动"右边的  按钮，系统会弹出"非切削移动"对话框，如图 6-20 所示。在"进刀"选项卡中，设置"轮廓加工"选项组的"进刀类型"为"圆弧-自动"，"自动进刀选项"为"自动"，"延伸距离"为 3，其他参数为默认状态。单击"确定"按钮，返回"外径粗车-[粗车]"对话框。

图 6-19　"切削参数"对话框　　　图 6-20　"非切削移动"对话框

⑩设置进给率和速度。如图 6-18 所示，单击"进给率和速度"右边的 按钮，系统会弹出"进给率和速度"对话框，如图 6-21 所示。设置"主轴速度"选项组的"输出模式"为 RPM，"主轴速度"为 800。设置"进给率"选项组的"切削"为 0.3，单位选择 mmpr，其他参数为默认状态。单击"确定"按钮，返回"外径粗车-[粗车]"对话框。

图 6-21　"进给率和速度"对话框

⑪生成刀具路径。如图 6-18 所示，在最下方的"操作"选项组中单击 （生成刀轨）按

钮，生成粗加工刀具路径，如图 6-22 所示。

⑫加工仿真。如图 6-18 所示，在最下方的"操作"选项组中单击 ⚒ (确认刀轨) 按钮 (也可单击工具栏中的"确认刀轨"按钮)，系统会弹出"刀轨可视化"对话框，如图 6-23 所示。切换至"3D 动态"选项卡，通过"动画速度"调整仿真加工的播放速度，单击"播放"按钮 ▶ 进行仿真，加工效果如图 6-24 所示。

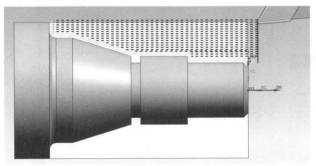

图 6-22 粗加工刀具路径

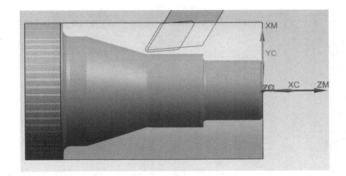

图 6-24 加工效果

图 6-23 "刀轨可视化"对话框

⑬创建精加工程序。单击菜单栏中的"插入"→"工序"命令，会弹出"创建工序"对话框，如图 6-25 所示。在"工序子类型"选项组中单击 FINISH_TURN_ OD 按钮 ⬚，在"位置"选项组中设置"程序"为 PROGRAM，"刀具"为 OD_ 55_ L，"几何体"为 TURNING_ WORK-PIECE，"方法"为 LATHE_ FINISH。单击"确定"按钮，系统会弹出"外径精车-[FINISH_TURN_OD]"对话框，如图 6-26 所示。

⑭设置切削策略。在"切削策略"选项组的"策略"下拉列表框中选择"全部精加工"为走刀模式。

⑮设置切削参数。如图 6-26 所示，单击"切削参数"右边的 ⬚ 按钮，系统会弹出"切削参数"对话框，如图 6-27 所示。在"余量"选项卡中，设置"精加工余量"选项组的"恒定"为 0，"面"为 0，"径向"为 0，设置"公差"选项组的"内公差"和"外公差"都为 0.01。单击"确定"按钮，返回到"外径精车-[FINISH_TURN_OD]"对话框。

⑯设置非切削移动。如图 6-26 所示，单击"非切削移动"右边的 ⬚ 按钮，系统会弹出"非切削移动"对话框，如图 6-28 所示。在"进刀"选项卡中，设置"轮廓加工"选项组的"进刀类型"为"圆弧-自动"，"自动进刀选项"为"自动"，"延伸距离"为 0，其他参数为默认状态。单击"确定"按钮，返回到"外径精车-[FINISH_TURN_OD]"对话框。

图6-25 "创建工序"对话框

图6-26 "外径精车-[FINISH_TURN_OD]"对话框

图6-27 "切削参数"对话框

图6-28 "非切削移动"对话框

⑰设置进给率和速度。如图6-26所示，单击"进给率和速度"右边的🔧按钮，系统会弹出"进给率和速度"对话框，如图6-29所示。设置"主轴速度"选项组的"输出模式"为RPM，

"主轴转速"为 1000。设置"进给率"选项组的"切削"为 0.2，单位选择 mmpr，其他参数为默认状态。单击"确定"按钮，返回到"外径精车-[FINISH_TURN_OD]"对话框。

⑱生成刀具路径。如图 6-26 所示，在最下方的"操作"选项组中单击 ▶（生成刀轨）按钮，生成精加工刀具路径，如图 6-30 所示。

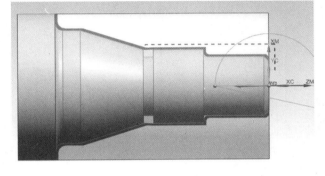

图 6-29　"进给率和速度"对话框　　　　　　　图 6-30　精加工刀具路径

⑲加工仿真。如图 6-26 所示，在最下方的"操作"选项组中单击 🔲（确认刀轨）按钮（也可单击工具栏中的"确认刀轨"按钮），系统会弹出"刀轨可视化"对话框，如图 6-31 所示。切换至"3D 动态"选项卡，通过"动画速度"调整仿真加工的播放速度，单击"播放"按钮 ▶ 进行仿真，加工效果如图 6-32 所示。

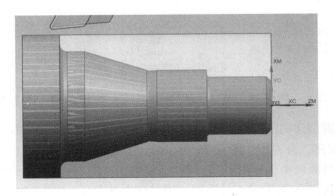

图 6-31　"刀轨可视化"对话框　　　　　　　图 6-32　加工效果

⑳创建切槽工程序。单击菜单栏中的"插入"→"工序"命令，会弹出"创建工序"对话框，如图6-33所示。在对话框的"工序子类型"选项组中单击 GROOVE_OD_1 按钮，在"位置"选项组中设置"程序"为 PROGRAM，"刀具"为 OD_GROOVE_L(槽刀)，"几何体"为 TURNING_WORKPIECE，"方法"为 LATHE_FINISH，单击"确定"按钮，系统会弹出"外径开槽-[GROOVE_OD]"对话框，如图6-34所示。

图6-33 "创建工序"对话框

图6-34 "外径开槽-[GROOVE_OD]"对话框

㉑创建切削区域。如图6-34所示，在"几何体"选项组中单击"切削区域"右边的🔧(扳手)按钮，会弹出如图6-35所示的"切削区域"对话框。在"区域选择"选项组的"区域选择"下拉列表框中选择"指定"，在"区域加工"下拉列表框中选择"单个"，单击"指定点"右边的🔧按钮，会弹出"点"对话框，用鼠标在槽的上方点一个点，如图6-36所示，单击"确定"按钮。

㉒设置切削策略。在"切削策略"选项组的"策略"下拉列表框中选择"单向插削"为走刀模式。在"刀轨设置"选项组"步进"框的"步距"下拉列表中选择"变量平均值",设置"最大值"为 75。

图 6-35 "切削区域"选项框

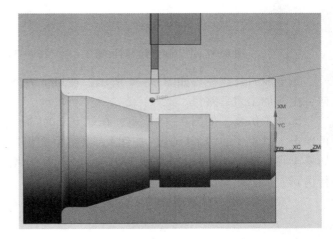

图 6-36 开槽加工

㉓设置切削参数。如图 6-34 所示,单击"切削参数"右边的 按钮,系统会弹出"切削参数"对话框。在"余量"选项卡中,设置"粗加工余量"选项组的"恒定"为 0,"面"为 0,"径向"为 0,"内公差"和"外公差"都为 0.01。切换至"轮廓加工"选项卡中,勾选"附加轮廓加工"复选框,其他的参数为默认状态,如图 6-37 所示。单击"确定"按钮,返回到"外径开槽-[GROOVE_OD]"对话框。

㉔设置非切削移动。如图 6-34 所示,单击"非切削移动"右边的 按钮,系统会弹出"非切削参数"对话框。在"进刀"选项卡中,设置"轮廓加工"选项组的"进刀类型"为"圆弧-自动","自动进刀选项"为"自动","延伸距离"为 0,其他参数为默认状态,单击"确定"按钮,返回到"外径开槽-[GROOVE_OD]"对话框。

㉕设置进给率和速度。如图 6-34 所示,单击"进给率和速度"右边的 按钮,系统会弹出"进给率和速度"对话框,如图 6-38 所示。设置"主轴速度"选项组的"输出模式"为 RPM,"主轴速度"为 600。设置"进给率"选项组的"切削"为 0.1,单位选择 mmpr,其他参数为默认状态。单击"确定"按钮,返回到"外径开槽-[GROOVE_OD]"对话框。

图 6-37 "切削参数"对话框   图 6-38 "进给率和速度"对话框

㉖生成刀具路径。如图 6-34 所示，在最下方的"操作"选项组中单击▶（生成刀轨）按钮，生成加工刀具路径。

㉗加工仿真。如图 6-34 所示，在最下方的"操作"选项组中单击⬛（确认刀轨）按钮（也可单击工具栏中的"确认刀轨"按钮），系统会弹出"刀轨可视化"对话框，如图 6-39 所示。切换至"3D 动态"选项卡，通过"动画速度"调整仿真加工的播放速度，单击"播放"按钮▶进行仿真，加工效果如图 6-40 所示。

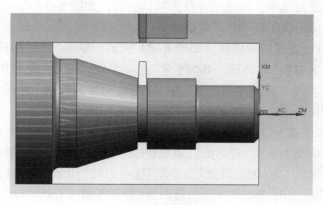

图 6-39 "刀轨可视化"对话框   图 6-40 开槽加工效果

㉘程序后处理。在加工环境下，把工序导航器切换到"工序导航器–几何"，如图 6–41 所示。右击 MCS_SPINDLE，在弹出的快捷菜单中选择"后处理"，会弹出"后处理"对话框，如图 6–42 所示。在"后处理器"选项组中选择 LATHE_2_AIXS_TOOL_TIP 处理器，在"输出文件"选项组中选择文件的存放路径，"单位"选择为"公制/部件"，单击"确定"按钮进行程序后处理。

图 6–41　工序导航器　　　　　　　　　图 6–42　"后处理"对话框

6.2　铣削自动编程

本节通过实例来讲解铣削自动编程技术在轮廓型腔类零件加工中的应用，使初学者能够对铣削自动编程技术快速入门。

例 6–2：数控铣削图 6–43 所示轮廓型腔类零件，毛坯尺寸为 146 mm×106 mm×20 mm，材料为 45 钢，运用 UG 自动编程技术编程。

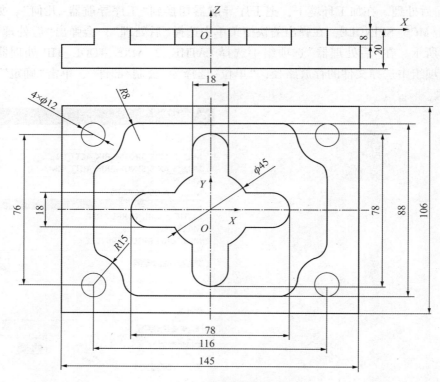

图 6-43 轮廓型腔类零件

（1）零件图分析。

该零件的结构特征包括外轮廓、内部型腔以及 4 个通孔，外部轮廓和内部型腔由平面以及圆弧面构成。毛坯尺寸为 146 mm×106 mm×20 mm，零件的材料为 45 钢，无热处理以及硬度要求。

（2）加工工艺分析。

①夹具的选择。

装夹方式采用台虎钳，一次装夹即可完成要加工的部分。

②加工工艺方案。

该零件的加工分为粗加工和精加工两个步骤来完成。粗加工时，刀具主要去除凸台周围大部分的余量；精加工时，主要去除预留的加工余量(0.5 mm)以达到零件的设计尺寸。

③刀具的选择。

型腔的最小圆弧直径为 18 mm，选择 ϕ15 mm 立铣刀对外部轮廓及内部型腔进行粗加工，精加工时选择 ϕ10 mm 立铣刀去除余量，选择 ϕ12 mm 麻花钻对 4 个通孔进行加工，刀具材料为硬质合金钢。将选定的刀具参数填入数控加工刀具卡中，如表 6-3 所示。

表 6-3 数控加工刀具卡

产品名称或代号		零件名称	轮廓加工	零件图号	
序号	刀具号	刀具			加工表面
		规格名称	数量	刀长/mm	
1	T01	φ15 mm 立铣刀	1	75	粗加工轮廓及型腔
2	T02	φ10 mm 立铣刀	1	75	精加工轮廓及型腔
3	T03	φ12 mm 麻花钻	1	75	钻通孔

④确定切削用量。

工艺处理中必须正确选择切削用量,即背吃刀量、主轴转速及进给速度。切削用量的具体数值应根据数控机床的使用说明书的规定,被加工工件材料的类型,加工工序(如车铣、钻等粗加工、半精加工、精加工等)以及其他工艺要求,并结合实际经验来确定,数控加工工序卡如表 6-4 所示。

表 6-4 数控加工工序卡

加工工序卡		产品名称	零件名称		材料	零件图号
					45 钢	
工序号	程序编号	夹具名称	使用设备			
1		台虎钳	加工中心			
工步号	工步内容		刀具号	刀具规格/mm	主轴转速/(r·min^{-1})	进给速度/(mm·min^{-1})	背吃刀量/mm
1	粗铣轮廓及型腔(余量 0.5mm)		T01	φ15	2 500	1 000	1
2	精铣轮廓及型腔		T02	φ10	3 000	1 500	
3	加工通孔		T03	φ12	1 000	120	

(3)自动编程。

根据零件图纸,使用 UG 10.0 软件的建模模块,建立零件三维模型如图 6-44 所示。

①加工环境的设置。单击菜单栏中的"启动"→"加工"命令,弹出"加工环境"对话框,如图 6-45 所示。在"CAM 会话配置"选项组中选择 cam_general,在"要创建的 CAM 设置"选项组中选择 mill_planar,然后单击"确定"按钮就进入到零件的加工环境。

②创建粗加工铣刀。单击菜单栏中的"插入"→"刀具"命令,会弹出"创建刀具"对话框,如图 6-46 所示。在该对话框的"类型"下拉列表框中选择 mill_planar,在"刀具子类型"选项组中选择 MILL 刀具,在"名称"文本框中重新命名为"D15-75-1",单击"确定"按钮,完成刀具类型的选择。进入"铣刀-5 参数"对话框,在"工具"选项卡的"尺寸"选项组中设置刀参数,"(D)直径"设为 15,"(L)长度设为 75","(FL)刀刃长度"设为 50,并且在"刀具号"文本框中设置刀具号为 1,其他的参数采用默认设置,如图 6-47 所示,完成刀具 T01 的

参数设置。切换至"刀柄"选项卡，在"尺寸"选项组中设置"（SD）刀柄直径"为45，"（SL）刀柄长度"为50，"（STL）锥柄长度"为20，单击"确定"按钮，刀具创建完成，如图6-48所示。

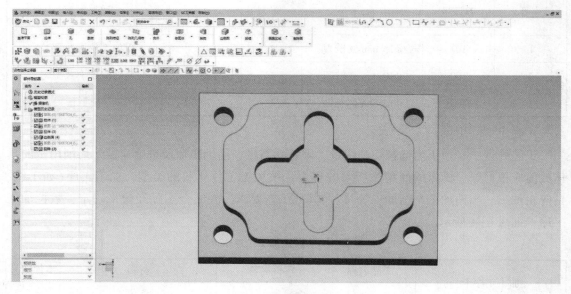

图6-44 轮廓型腔类零件建模

图6-45 "加工环境"对话框

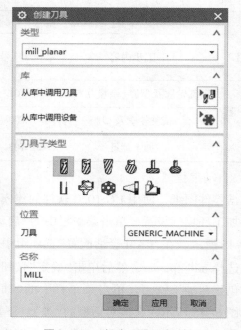

图6-46 "创建刀具"对话框

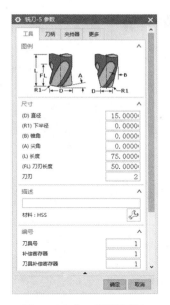

图 6-47　"工具"选项卡

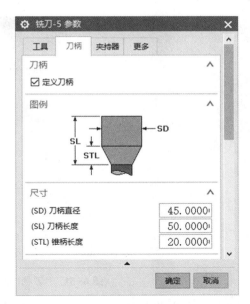

图 6-48　"刀柄"选项卡

③创建粗加工铣刀。单击菜单栏中的"插入"→"刀具"命令，会弹出"创建刀具"对话框，如图 6-49 所示。在该对话框的"类型"下拉列表框中选择 mill_planar，在"刀具子类型"选项组中选择 MILL 刀具，在"名称"文本框中重新命名为 D10-75-2，单击"确定"按钮，完成刀具类型的选择。进入"铣刀-5 参数"对话框，在"工具"选项卡的"尺寸"选项组中设置刀参数，"(D)直径"设为 10，"(L)长度"设为 75，"(FL)刀刃长度"设为 50，并且在"刀具号"文本框中设置刀具号为 2，其他的参数采用默认设置，如图 6-50 所示，完成刀具 T02 的参数设置。切换至"刀柄"选项卡，在"尺寸"选项组中设置"(SD)刀柄直径"为 45，"(SL)刀柄长度"为 50，"(STL)锥柄长度"为 20，单击"确定"按钮，刀具创建完成，如图 6-51 所示。

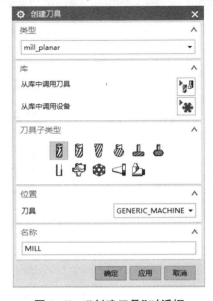

图 6-49　"创建刀具"对话框

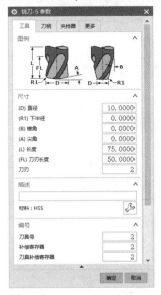

图 6-50　"工具"选项卡

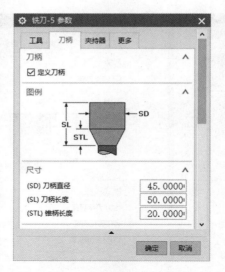

图 6-51　"刀柄"选项卡

④创建麻花钻。单击菜单栏中的"插入"→"刀具"命令，会弹出"创建刀具"对话框，如图 6-52 所示。在该对话框的"类型"下拉列表框中选择 drill，在"刀具子类型"选项组中选择 DRILLING_TOOL 刀具，在"名称"文本框中重新命名为 Dr12-75-3，单击"确定"按钮，完成刀具类型的选择。进入"钻刀"对话框，在"工具"选项卡的"尺寸"选项组中设置刀参数，"（D）直径"设为 12，"（PA）刀尖角度"设为 120，"（L）长度"设为 75，"（FL）刀刃长度"设为 35，并且在"刀具号"文本框中设置刀具号为 3，其他的参数采用默认设置，如图 6-53 所示，完成刀具 T03 的参数设置。切换至"刀柄"选项卡，在"尺寸"选项组中设置"（SD）刀柄直径"为 30，"（SL）刀柄长度"为 50，"（STL）锥柄长度"为 10，单击"确定"按钮，刀具创建完成，如图 6-54 所示。

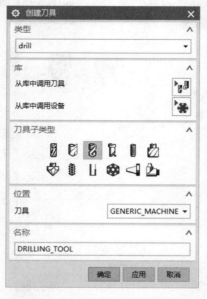

图 6-52　"创建刀具"对话框

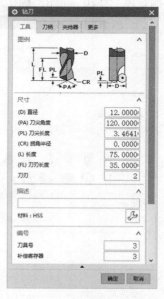

图 6-53　"工具"选项卡

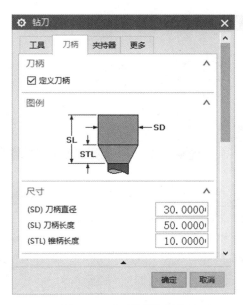

图6-54　"刀柄"选项卡

⑤工件坐标系的设置。在工序导航器-几何（见图6-55）中找到 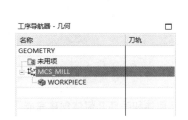 MCS_SPINDLE并双击，进入"MCS铣削"对话框，单击"指定MCS"右边的 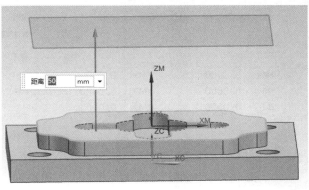，进入CSYS对话框，在"类型"下拉列表框中选择"动态"，把工件坐标系移到零件顶部的中心，在"安全设置"选项组中的"安全设置选项"的下拉列表框中选择"刨"，再通过"指定平面"选择零件的上表面，"距离"设为50，如图6-56所示，然后单击"确定"按钮，工件坐标系及安全平面设置完成。

图6-55　工序导航器　　　　　　　图6-56　工件坐标系及安全平面设置

⑥创建部件几何体和毛坯几何体。在"工序导航器-几何"中找到 WORKPIECE并双击，进入"工件"对话框，如图6-57所示。单击"工件"对话框的"指定部件"按钮，弹出"部件几何体"对话框，如图6-58所示。选中工作界面中的几何体，然后单击"确定"按钮，这时"指定部件"选择完成，右边的手电筒会变成蓝色。再单击"工件"对话框的"指定毛坯"按钮，弹出"毛坯几何体"对话框，在"类型"下拉列表框中选择"包容快"，如图6-59所示，然后单击"确定"按钮，"指定毛坯"选择完成，右边的手电筒会变成蓝色，如图6-60所示。这样，部件几何体和毛坯几何体就创建完成了。

图 6-57 "工件"对话框

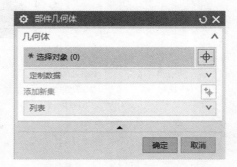

图 6-58 "部件几何体"对话框

图 6-59 "毛坯几何体"对话框

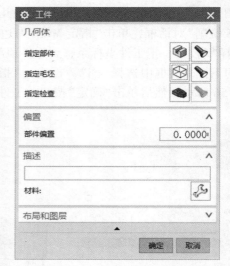

图 6-60 部件几何体和毛坯几何体创建完成

⑦创建粗加工程序。单击菜单栏中的"插入"→"工序"命令,会弹出"创建工序"对话框,如图 6-61 所示。在该对话框的"类型"下拉列表框中选择 mill_contour,在对话框的"工序子类型"选项组中单击 CAVITY_MILL 按钮,设置"程序"为 PROGRAM,"刀具"为 D15-75-1(铣刀-5 参数),"几何体"为 WORKPIECE,"方法"为 METHOD,在"名称"文本框中重新命名为"粗加工"。

⑧单击图 6-61 的"确定"按钮,系统会弹出"型腔铣-[粗加工]"对话框,如图 6-62 所示。在"切削模式"下拉列表框中选择"跟随周边"为走刀模式。在"步距"下拉列表框中选择"恒定",并将"最大距离"设为 1.5 mm。在"公共每刀切削深度"下拉列表框中选择"恒定",并将"最大距离"设为 1.5 mm,"切削层"为默认状态。

图 6-61　"创建工序"对话框　　　图 6-62　"型腔铣-[粗加工]"对话框

⑨设置切削参数。如图 6-62 所示，单击"切削参数"右边的  按钮，系统会弹出"切削参数"对话框，如图 6-63 所示。在"余量"选项卡中，将"部件侧面余量"设为 0.5，"内公差"和"外公差"设为 0.01，其他参数为默认状态。单击"确定"按钮，返回到"型腔铣-[粗加工]"对话框。

⑩设置非切削移动。如图 6-62 所示，单击"非切削移动"右边的 按钮，系统会弹出"非切削移动"对话框，如图 6-64 所示。在"进刀"选项卡中对进刀参数进行设置，在"封闭区域"选项组中，将"进刀类型"设为"螺旋"，在"开放区域"选项组中，将"进刀类型"设为"与封闭区域相同"，其他参数为默认状态，单击"确定"按钮，返回到"型腔铣-[粗加工]"对话框。

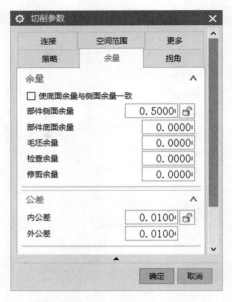

图 6-63　"切削参数"对话框

图 6-64　"非切削移动"对话框

⑪设置进给率和速度。如图 6-62 所示，单击"进给率和速度"右边的按钮，系统会弹出"进给率和速度"对话框，如图 6-65 所示。设置"主轴速度"选项组的"主轴速度（rpm）"为2500。设置"进给率"选项组的"切削"为 1000，单位选择 mmpm，其他参数为默认状态，单击"确定"按钮，返回到"型腔铣-[粗加工]"对话框。

⑫生成刀具路径。如图 6-62 所示，在最下方的"操作"选项组中单击（生成刀轨）按钮，生成粗加工刀具路径，如图 6-66 所示。

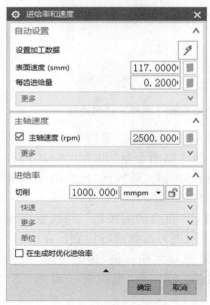

图 6-65　"进给率和速度"对话框

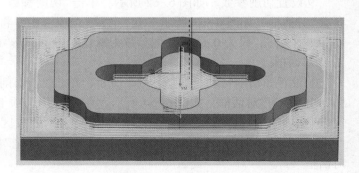

图 6-66　粗加工刀具路径

⑬加工仿真。如图6-62所示，在最下方的"操作"选项组中单击 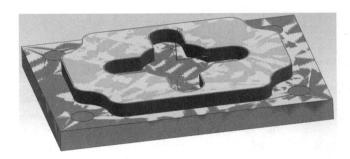（确认刀轨）按钮（也可单击工具栏中的"确认刀轨"按钮），系统会弹出"刀轨可视化"对话框，如图6-67所示。切换至"3D动态"选项卡，通过"动画速度"调整仿真加工的播放速度，单击"播放"按钮▶进行仿真，加工效果如图6-68所示。

图6-67　"刀轨可视化"对话框

图6-68　加工效果

⑭创建外轮廓精加工程序。单击菜单栏中的"插入"→"工序"命令，会弹出"创建工序"对话框，如图6-69所示。在该对话框的"类型"下拉列表框中选择 mill_planar，在对话框的"工序子类型"选项组中单击 FINISH_WALLS 按钮 ，设置"程序"为 PROGRAM，"刀具"为D10-75-3，"几何体"为 WORKPIECE，"方法"为 MILL_FINISH，在"名称"文本框中重新命名为"精加工"。

⑮单击图6-69的"确定"按钮，系统会弹出"精加工壁-[精加工]"对话框，如图6-70所示。在"切削模式"下拉列表框中选择"轮廓"为走刀模式。在"步距"下拉列表框中选择"刀具平直百分比"，将"平面直径百分比"设为75，其他参数为默认状态。

⑯设置切削参数。如图6-70所示，单击"切削参数"右边的 按钮，系统会弹出"切削参数"对话框，如图6-71所示。在"余量"选项卡中，将"余量"设为0，"内公差"和"外公差"设为0.01，其他参数为默认状态。单击"确定"按钮，返回到"精加工壁-[精加工]"对话框。

⑰设置非切削移动。如图6-70所示，单击"非切削移动"右边的 按钮，系统会弹出

"非切削移动"对话框，如图 6-72 所示。在"进刀"选项卡中对进刀参数进行设置，在"封闭区域"选项组中，将"进刀类型"设为"与开放区域相同"，在"开放区域"选项组中，将"进刀类型"设为"圆弧"，其他参数为默认状态，单击"确定"按钮，返回到"精加工壁-[精加工]"对话框。

图 6-69　"创建工序"对话框

图 6-70　"精加工壁-[精加工]"对话框

图 6-71　"切削参数"对话框

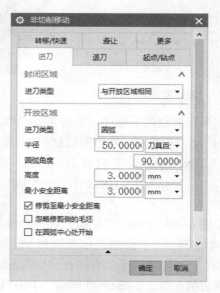

图 6-72　"非切削移动"对话框

⑱设置进给率和速度。如图 6-70 所示，单击"进给率和速度"右边的按钮，系统会弹出"进给率和速度"对话框，如图 6-73 所示。设置"主轴速度"选项组的"输出模式"为 RPM，

"主轴速度（rpm）"为3000。设置"进给率"选项组的"切削"为1500，单位选择mmpm，其他参数为默认状态，单击"确定"按钮，返回到"精加工壁-[精加工]"对话框。

⑲指定部件边界的设置。如图6-70所示，单击"指定部件边界"右边的 按钮，系统会弹出"边界几何体"对话框，如图6-74所示，在"模式"下拉列表框中选择"曲线/边"，会弹出"编辑边界"对话框，如图6-75所示，设置"类型"为"封闭的"，"刨"为"自动"，"材料侧"为"内部"。用鼠标选择零件的外轮廓，单击"确定"按钮，结果如图6-76所示。

图6-73　"进给率和速度"对话框

图6-74　"边界几何体"对话框

图6-75　"编辑边界"对话框

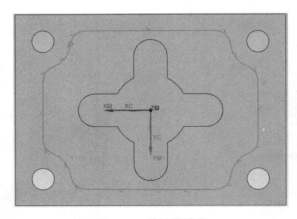

图6-76　外边界选定

⑳生成刀具路径。如图6-70所示，在最下方的"操作"选项组中单击 （生成刀轨）按钮，生成粗加工刀具路径，如图6-77所示。

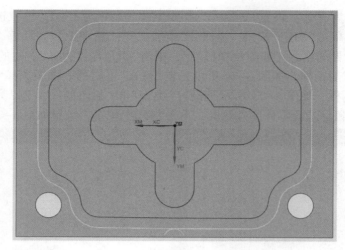

图 6-77　外边界刀具加工路径

㉑加工仿真。如图 6-70 所示，在最下方的"操作"选项组中单击🔳（确认刀轨）按钮（也可单击工具栏中的"确认刀轨"按钮），系统会弹出"刀轨可视化"对话框，如图 6-78 所示。切换至"3D 动态"选项卡，通过"动画速度"调整仿真加工的播放速度，单击"播放"按钮▶进行仿真，加工效果如图 6-79 所示。

图 6-78　"刀轨可视化"对话框

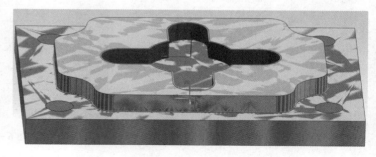

图 6-79　外壁加工效果

㉒创建型腔精加工程序。单击菜单栏中的"插入"→"工序"命令，会弹出"创建工序"对话框，如图 6-80 所示。在该对话框的"类型"下拉列表框中选择 mill_planar，在对话框的"工序子类型"选项组中单击 FINISH_WALLS 按钮，设置"程序"为"PROGRAM"，"刀具"为 D10-75-3，"几何体"为 WORKPIECE，"方法"为 MILL_FINISH，在"名称"文本框中重新命名为"精加工"。

㉓单击图 6-80 中的"确定"按钮，系统会弹出"精加工壁-[精加工]"对话框，如图 6-81 所示。在"切削模式"下拉列表中选择"轮廓"为走刀模式。在"步距"下拉列表中选择"刀具平直百分比"，将"平面直径百分比"设为 75，其他参数为默认状态。

㉔设置切削参数。如图 6-81 所示，单击"切削参数"右边的按钮，系统会弹出"切削参数"对话框，如图 6-82 所示。在"余量"选项卡中，将"余量"设为 0，"内公差"和"外公差"设为 0.01，其他参数为默认状态。单击"确定"按钮，返回到"精加工壁-[精加工]"对话框。

㉕设置非切削移动。如图 6-81 所示，单击"非切削移动"右边的按钮，系统会弹出"非切削移动"对话框，如图 6-83 所示。在"进刀"选项卡中对进刀参数进行设置，在"封闭区域"选项组中，将"进刀类型"设为"与开放区域相同"，在"开放区域"选项组中，"进刀类型"设为"圆弧"，其他参数为默认状态，单击"确定"按钮，返回到"精加工壁-[精加工]"对话框。

图 6-80　"创建工序"对话框　　　　图 6-81　"精加工壁-[精加工]"对话框

图 6-82 "切削参数"对话框

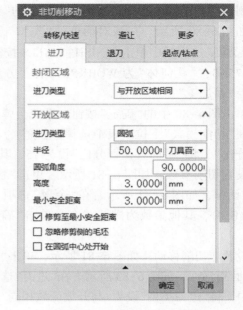

图 6-83 "非切削移动"对话框

㉖设置进给率和速度。如图 6-81 所示，单击"进给率和速度"右边的 🐾 按钮，系统会弹出"进给率和速度"对话框，如图 6-84 所示。设置"主轴速度"选项组的"输出模式"为 RPM，"主轴速度"为 3000。设置"进给率"选项组的"切削"为 1500，单位选择 mmpm，其他参数为默认状态，单击"确定"按钮，返回到"精加工壁-[精加工]"对话框。

㉗指定部件边界的设置。如图 6-81 所示，单击"指定部件边界"右边的 🥏 按钮，系统会弹出"边界几何体"对话框，如图 6-85 所示。在"模式"的下拉列表框中选择"曲线/边"，会弹出"编辑边界"对话框，设置"类型"为"封闭"，"刨"为"自动"，"材料侧"为"外部"，如图 6-86 所示，用鼠标选择零件的外轮廓，单击"确定"按钮，结果如图 6-87 所示。

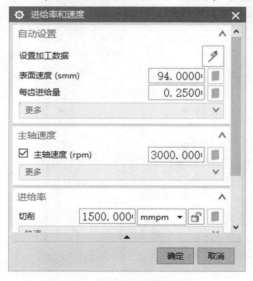

图 6-84 "进给率和速度"对话框

图 6-85 "边界几何体"对话框

图 6-86 "编辑边界"对话框

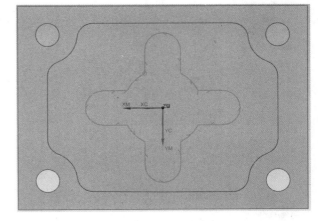

图 6-87 内边界选定

㉘生成刀具路径。如图 6-81 所示，在最下方的"操作"选项组中单击 ⧎（生成刀轨）按钮，生成精加工刀具路径，如图 6-88 所示。

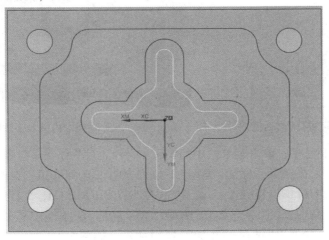

图 6-88 内边界刀具加工路径

㉙加工仿真。如图 6-81 所示，在最下方的"操作"选项组中单击 ⧎（确认刀轨）按钮（也可单击工具栏中的"确认刀轨"按钮），系统会弹出"刀轨可视化"对话框，如图 6-89 所示。切换至"3D 动态"选项卡，通过"动画速度"调整仿真加工的播放速度，单击"播放"按钮 ▶ 进行仿真，加工效果如图 6-90 所示。

图6-89 "刀轨可视化"对话框

图6-90 内壁加工效果

㉚创建通孔加工程序。单击菜单栏中的"插入"→"工序"命令，会弹出"创建工序"对话框，如图6-91所示。在该对话框的"类型"下拉列表框中选择drill，在对话框的"工序子类型"选项组中单击DRILLING按钮，设置"程序"为PROGRAM，"刀具"为DR12-75-3，"几何体"为WORKPIECE，"方法"为METHOD，在"名称"文本框中重命名为"孔加工"，单击"确定"按钮，系统会弹出"钻孔-[孔加工]"对话框，如图6-92所示。

㉛选择要加工的孔。如图6-92所示，单击"指定孔"右边的 按钮，系统会弹出"点到点几何体"对话框，如图6-93所示。通过"选择"依次选取零件上的孔，单击"确定"按钮返回"钻孔-[孔加工]"对话框，将"循环类型"选项组的"最小安全距离"设为15。

㉜设置进给率和速度。如图6-92所示，单击"进给率和速度"右边的 按钮，系统会弹出"进给率和速度"对话框，如图6-94所示。设置"主轴速度"选项组的"输出模式"为RPM，"主轴速度(rpm)"为800。设置"进给率"选项组的"切削"为100，单位选择mmpm，其他参数为默认状态，单击"确定"按钮，返回到"钻孔-[孔加工]"对话框。

图 6-91　"创建工序"对话框

图 6-92　"钻孔-[孔加工]"对话框

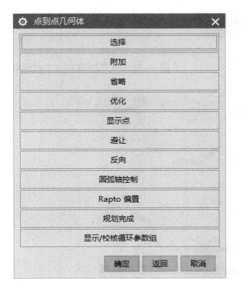

图 6-93　"点到点几何体"对话框

图 6-94　"进给率和速度"对话框

㉝生成刀具路径。如图 6-92 所示，在最下方的"操作"选项组中单击▶（生成刀轨）按钮，生成孔加工刀具路径，如图 6-95 所示。

㉞加工仿真。如图 6-92 所示，在最下方的"操作"选项组中单击▲（确认刀轨）按钮（也可单击工具栏中的"确认刀轨"按钮），系统会弹出"刀轨可视化"对话框，如图 6-96 所示。

切换至"3D 动态"选项卡，通过"动画速度"调整仿真加工的播放速度，单击"播放"按钮▶进行仿真，加工效果如图 6-97 所示。

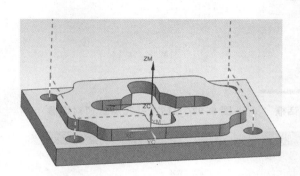

图 6-95 孔加工刀具路径

图 6-96 "刀轨可视化"对话框

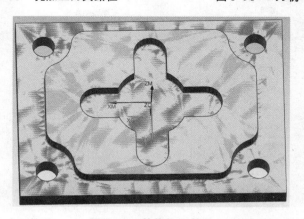

图 6-97 整体加工效果

㉟程序后处理。在加工环境下，把工序导航器切换到"工序导航器-几何"，如图 6-98 所示。右击 MCS_MILL，在弹出的快捷菜单中选择"后处理"，会弹出"后处理"对话框，如图 6-99 所示。在"后处理器"选项组中选择 MILL_3_AIXS 处理器，在"输出文件"选项组中选择文件的存放路径，"单位"选择为"公制/部件"，单击"确定"按钮进行程序后处理。

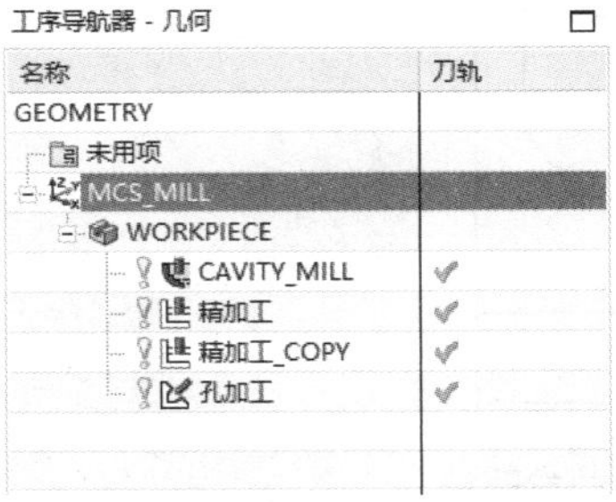

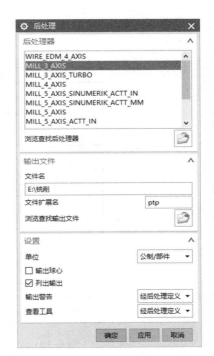

图 6-98 工序导航器

图 6-99 "后处理"对话框

思考与练习题

1. 数控编程的方法有哪些？
2. 自动编程的方式有哪些？
3. 常用的自动编程软件有哪些？
4. 螺纹轴零件如图 6-100 所示，请用 UG 自动编程方式编写其加工程序。

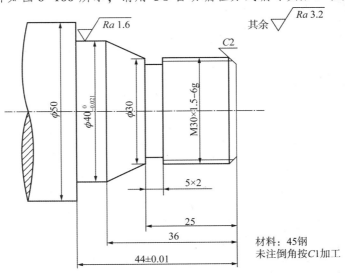

材料：45钢
未注倒角按C1加工

图 6-100 螺纹轴零件

5. 六方体凸台零件如图 6-101 所示，请用 UG 自动编程方式编写其加工程序。

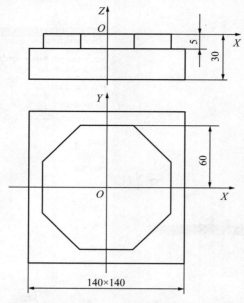

图 6-101　六方体凸台零件

第7章
仿真加工技术

章前导学 ▶▶ ▶

为确保数控加工过程的正确性，在数控加工之前对加工程序进行验证是一个十分重要的环节。目前，计算机仿真技术的发展使得在计算机环境中对数控加工过程进行验证的技术在实际生产中广泛应用。采用仿真加工方法可以在计算机上模拟出加工走刀和零件切削的全过程，直接观察在切削过程中可能遇到的问题并进行调整，而不实际占用和消耗机床、工件等资源。此外，还可以利用计算机仿真技术预先对数控加工结果进行估计，统计各种加工数据并对加工过程进行优化，实现智能化的加工。

数控加工仿真的主要目的包括：(1)检验数控加工程序是否有过切或欠切。通过数控加工仿真，可用几何图形、图像或动画的方式显示加工过程，从而检验零件的最终几何形状是否符合要求，目前主流的 CAD/CAM 软件中都具备数控加工轨迹模拟及过切、欠切的分析功能。(2)碰撞干涉检查。通过数控加工仿真，可以检查数控加工过程中刀具、刀柄等与工件、夹具等是否存在碰撞干涉，以及检查机床运动过程中主轴是否与机床零部件、夹具等存在碰撞干涉，从而确保能加工出符合设计的零件，并避免刀具、夹具和机床的不必要损坏。当前国内较为流行的仿真软件有北京斐克、南京宇航、南京斯沃、上海宇龙等，国外流行的仿真软件有美国 VERICUT、德国 Keller 等。这些软件一般都具有数控加工过程的三维显示和模拟真实机床的仿真操作。

本章主要介绍 VERICUT 仿真加工技术，VERICUT 界面如图 7-1 所示。该软件由美国CGTECH 公司研发，具体组成模块为高级机床特征模块、NC 程序验证模块、优化路径模块、多轴模块、机床运动仿真模块、实体比较模块和 CAD/CAM 接口等。该软件可对数控车床、数控铣床、数控加工中心、线切割机床和多轴机床等多种加工设备的数控加工过程进行模拟仿真，也可以对 NC 程序进行系统优化，缩短加工时长、改进被加工表面质量、延长刀具理论允许使用时间，检查是否发生切削过量、切削不足的情况，防止机床发生刀具碰撞、超出机床本体规定行程等错误；拥有逼真的三维实体演示效果，可以测量被加工模型各部分所需尺寸，并能保存被加工模型以供检验、后续工序切削加工；拥有 CAD/CAM 接口，能实现与UG、CATIA、PRO/E 及 MasterCAM 等软件的嵌套运行。VERICUT 软件现阶段可以广泛适用于航空航天、汽车、模具制造等行业，它最大特点是可对各种 CNC 系统与市面上的各类型机床进行仿真加工，不但可以对刀位文件进行仿真，还可以仿真 CAD/CAM 后置处理的 NC 程序，其整个仿真过程包含数控程序验证、分析、机床仿真、优化和模型输出等。

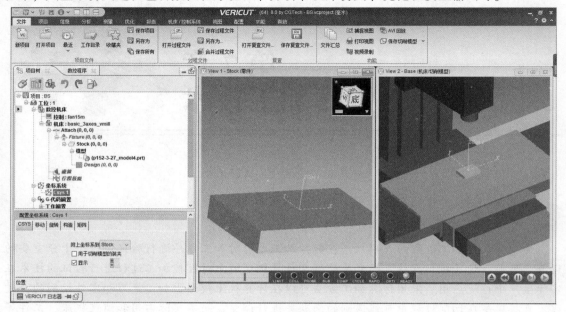

图 7-1　VERICUT 界面

7.1　车削仿真加工

本节将 6.1 节所得自动编程程序导入 VERICUT 仿真加工环境中，对轴类零件进行车削仿真加工，使初学者快速掌握 VERICUT 仿真车削加工技术。

例 7-1：数控车削仿真加工图 7-2 所示轴类零件，毛坯为 ϕ60 mm×100 mm 的圆柱棒料，材料为 45 钢，运用 VERICUT 软件仿真加工该零件，加工工艺及程序见本书 6.1 节。

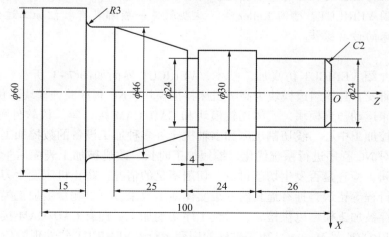

图 7-2　轴类零件

①启动 VERICUT 8.1 软件。在图 7-1 中单击"文件"→"新项目"命令,系统会弹出"新的 VERICUT 项目"对话框,如图 7-3 所示。在"新的项目文件名"文本框中可以重新命名,如命名为"车削",单击"确定"按钮会弹出一个大的界面,界面左边"项目树"栏中的内容如图 7-4 所示。

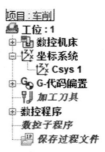

图 7-3　新项目命名　　　　　　　图 7-4　车削项目

②添加数控加工系统。如图 7-5 所示,双击"控制",会弹出图 7-6 所示的对话框(刚开始空白),在右上角的栏中选择"库",找到 fan0t.ctl 并选中,单击"打开"按钮,加工系统添加完成,如图 7-7 所示。

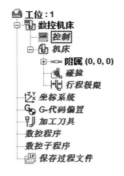

图 7-5　控制系统选择

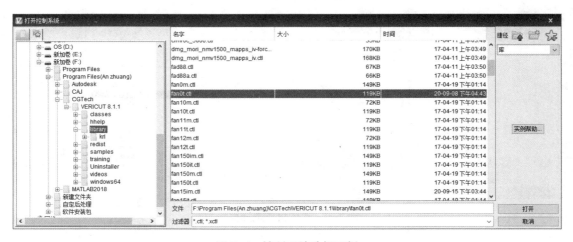

图 7-6　控制系统选择面板

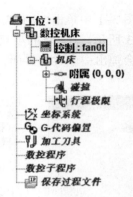

图 7-7   选择 fan0t 控制系统

③添加数控加工机床。如图 7-8 所示，双击"机床"，会弹出图 7-9 所示的对话框（刚开始空白），在右上角的栏中选择"库"，找到 generic_2_axis_lathe_turret_3d 并选中，单击"打开"按钮，加工机床添加完成，如图 7-10 所示，实体机床如图 7-11 所示。

图 7-8   机床选择

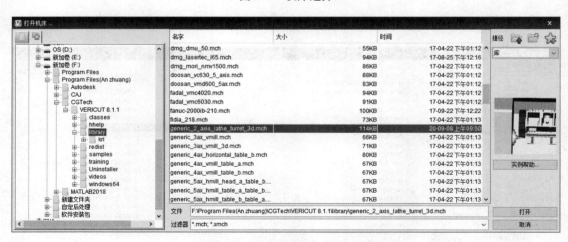

图 7-9   实体机床选择面板

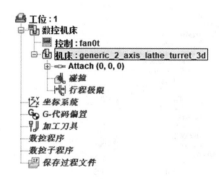

图 7-10　选择 generic 机床

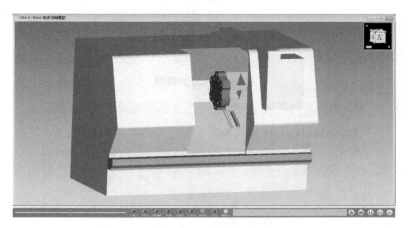

图 7-11　实体机床

④夹具与毛坯的导入。如图 7-12 所示，右击 Fixture(0，0，0)，选择"添加模型"，再选择"方块"及"圆柱"，添加夹具，如图 7-13 所示，把其移到合适的位置。如图 7-14 所示，右击 Stock(0，0，0)，选择"添加模型"，再选择"圆柱"，输入毛坯尺寸，如图 7-15 所示。添加毛坯完成如图 7-16 所示，将毛坯移到合适的位置(同夹具的方法一样)。

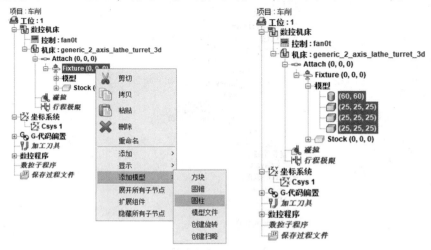

图 7-12　添加模型　　　　　　　　　　图 7-13　添加夹具

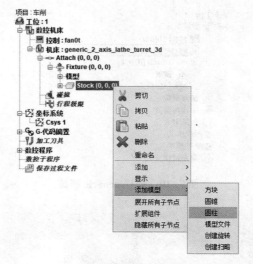

图 7-14　添加模型

图 7-15　配置模型

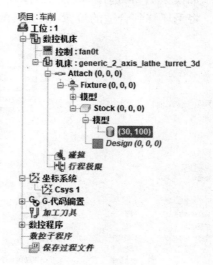

图 7-16　添加毛坯

⑤添加工件坐标系。如图 7-17 所示，右击"坐标系统"，选择"添加新的坐标系"。如图 7-18 所示，已经添加了一个工件坐标系 Csys1。如图 7-19 所示，通过"移动"功能把工件坐标系 Csys1 移动到编程坐标系的位置。

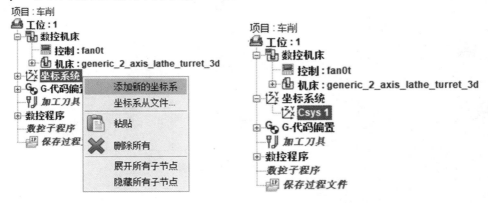

图 7-17　添加新的坐标系　　　　　　图 7-18　坐标系 Csys1

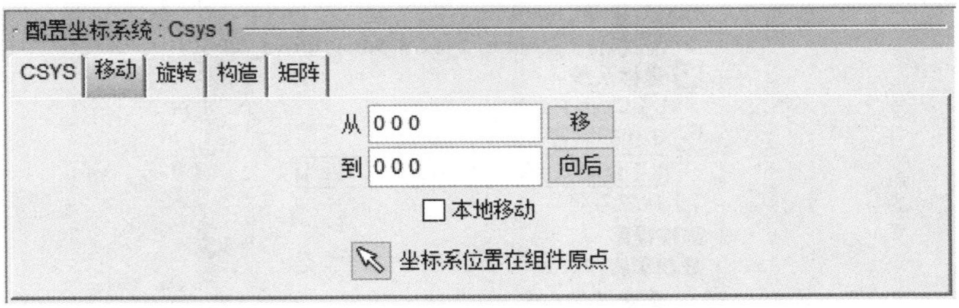

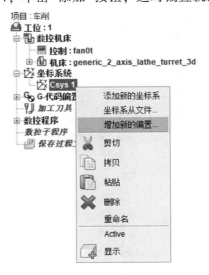

图 7-19　配置坐标系

⑥添加工作偏置。如图 7-20 所示，右击 Csys 1，选择"增加新的偏置"，在图 7-21 中的"寄存器"文本框中填入 G54，单击"添加"按钮，这时偏置就添加成功，如图 7-22 所示。

图 7-20　添加新的偏置

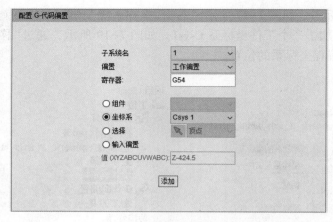

图 7-21　设置 G 代码偏置

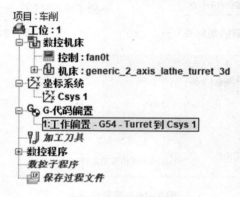

图 7-22　工作偏置

⑦添加刀具。如图 7-23 所示，右击"加工刀具"，选择"刀具管理器"，弹出如图 7-24 所示的对话框，设置刀具参数，设置完成后保存。这时刀具添加成功，如图 7-25 所示。

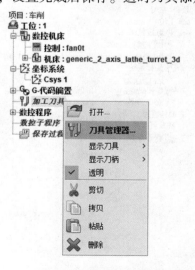

图 7-23　刀具管理器

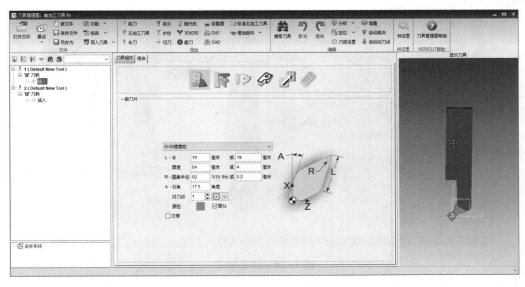

图 7-24　设置刀具参数

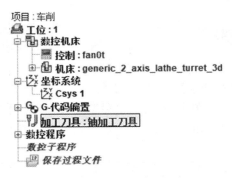

图 7-25　刀具添加

⑧导入程序及加工仿真。如图 7-26 所示，右击"数控程序"，选择"添加数控程序文件"，找到程序文件存放的路径导入程序。如图 7-27 所示，程序导入成功。然后，单击图 7-28 右下角的◓进行刷新，再单击◒进行加工仿真，效果如图 7-28 所示。

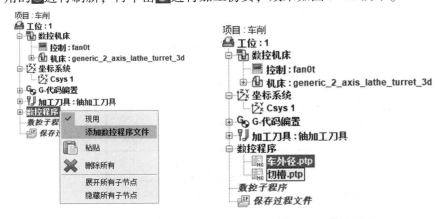

图 7-26　添加数控程序　　　　　　　　图 7-27　程序导入

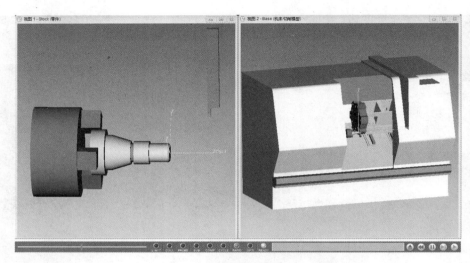

图 7-28　仿真加工

7.2　铣削仿真加工

本节将 6.2 节所得自动编程程序导入 VERICUT 仿真加工环境中，对轮廓型腔类零件进行铣削仿真加工，使初学者快速掌握 VERICUT 仿真铣削加工技术。

例 7-2：数控铣削仿真加工图 7-29 所示轮廓型腔类零件，毛坯尺寸为 146 mm×106 mm×20 mm，材料为 45 钢，运用 VERICUT 软件仿真加工该零件，加工工艺及程序见本书 6.2 节。

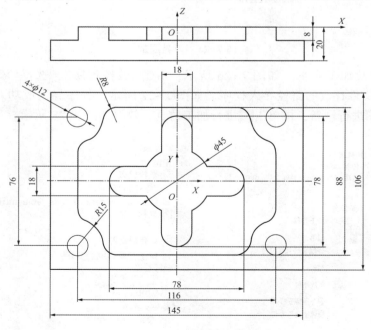

图 7-29　轮廓型腔类零件

①启动 VERICUT 8.1 软件，在图 7-1 中单击"文件"→"新项目"命令，系统会弹出"新的 VERICUT 项目"对话框，如图 7-30 所示。在"新的项目文件名"文本框中可以重新命名，如命名为"轮廓"，单击"确定"按钮，会弹出一个大的界面，界面左边"项目树"栏中的内容如图 7-31 所示。

图 7-30　新项目命名　　　　图 7-31　轮廓项目

②添加数控加工系统。如图 7-32 所示，双击"控制"，会弹出如图 7-33 所示的对话框（刚开始对话框为空白），在右上角的栏中选择"库"，找到 fan15im.ctl 并选中，单击"打开"按钮，加工系统添加完成，如图 7-34 所示。

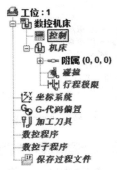

图 7-32　控制系统选择

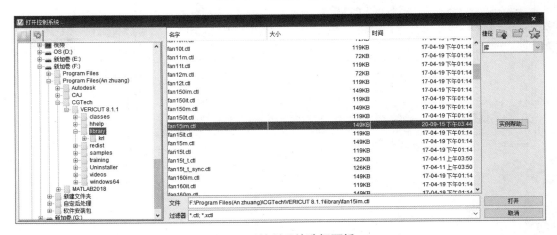

图 7-33　控制系统选择面板

图 7-34　选择 fan15im 控制系统

③添加数控加工机床。如图 7-35 所示，双击"机床"，会弹出如图 7-36 所示的对话框（刚开始对话框为空白），在右上角的栏中选择"库"，找到 3_axis_tool_chain 并选中，单击"打开"按钮，加工机床添加完成，如图 7-37 所示，实体机床如图 7-38 所示。

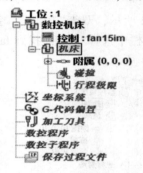

图 7-35　机床选择

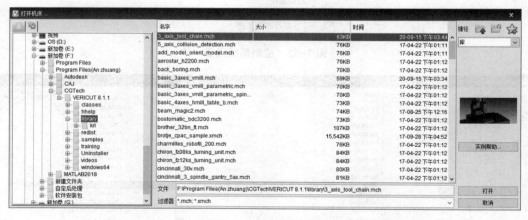

图 7-36　机床选择面板

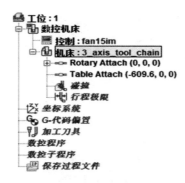

图 7-37　选择 3_axis 机床

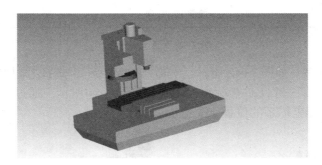

图 7-38　实体机床

④夹具与毛坯的导入。如图 7-39 所示，右击 Fixture(0，0，0)，选择"添加模型"→"模型文件"，找到夹具的存放路径，导入夹具文件(提前在建模软件中画好的，当然在仿真时也可不用导入夹具)。如图 7-40 所示，导入毛坯，单击"方块"，输入毛坯尺寸，如图 7-41所示。

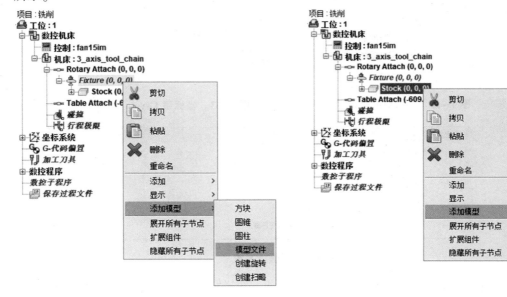

图 7-39　添加模型　　　　　　　　　　　　图 7-40　添加模型

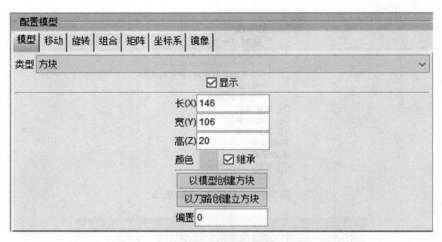

图 7-41 配置模型

⑤添加工件坐标系。如图 7-42 所示，右击"坐标系统"，选择"添加新的坐标系"。如图 7-43 所示，已经添加了一个工件坐标系 Csys1。如图 7-44 所示，通过"移动"功能把工件坐标系 Csys1 移动到编程坐标系的位置。

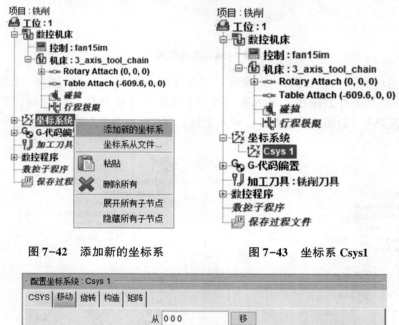

图 7-42 添加新的坐标系   图 7-43 坐标系 Csys1

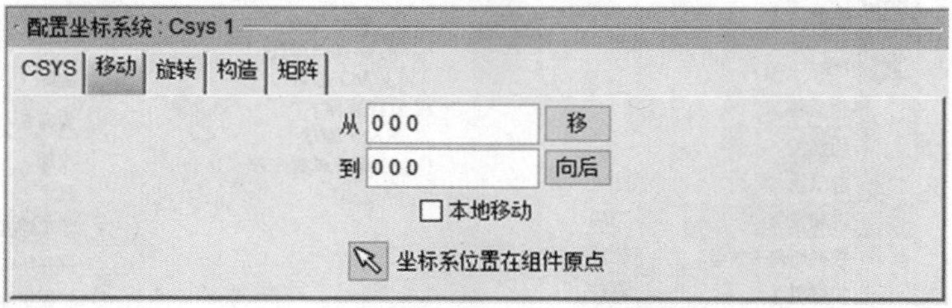

图 7-44 配置坐标系统

⑥添加工作偏置。如图 7-45 所示，右击 Csys1，选择"增加新的偏置"。在图 7-46 中的"寄存器"文本框中填入 G54，单击"添加"按钮，这时偏置就添加成功，如图 7-47 所示。

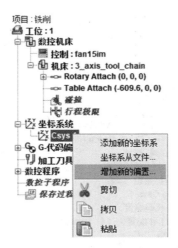

图 7-45　添加新的偏置

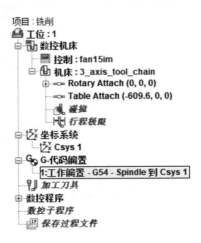

图 7-46　配置 G 代码偏置

项目：铣削
工位：1
数控机床
控制：fan15im
机床：3_axis_tool_chain
Rotary Attach (0, 0, 0)
Table Attach (-609.6, 0, 0)
碰撞
行程极限
坐标系统
Csys 1
G-代码偏置
1:工作偏置 - G54 - Spindle 到 Csys 1
加工刀具
数控程序
数控子程序
保存过程文件

图 7-47　工作偏置

⑦添加刀具。如图7-48所示，右击"加工刀具"，选择"刀具管理器"，弹出如图7-49所示的对话框，设置刀具参数，设置完成后保存。这时刀具添加成功，如图7-50所示。

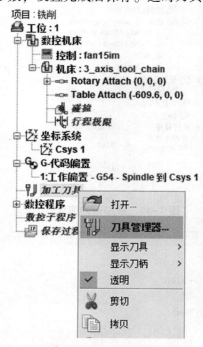

图7-48　刀具管理器

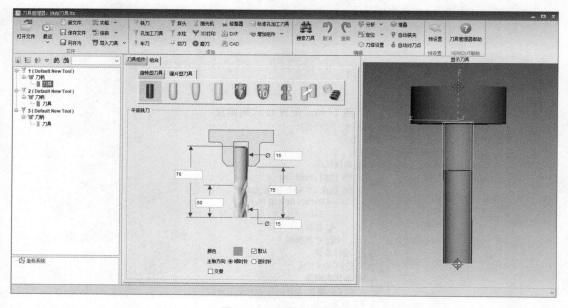

图7-49　设置刀具参数

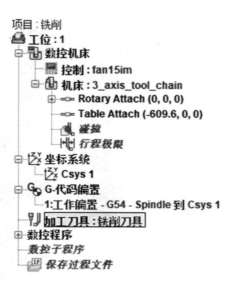

图7-50　刀具添加

⑧导入程序及加工仿真。如图7-51所示，右击"数控程序"，选择"添加数控程序文件"，找到程序文件存放的路径，导入程序。如图7-52所示，程序导入成功。然后，单击图7-53右下角的⬆进行刷新，再单击◉进行加工仿真，效果如图7-53所示。

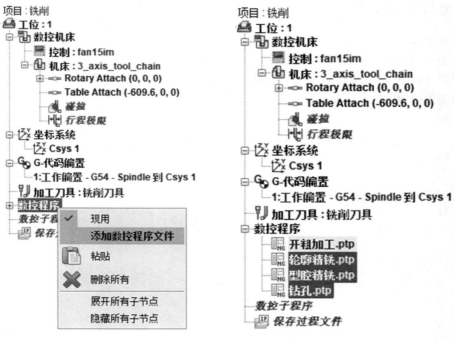

图7-51　添加数控程序　　　　　　　　图7-52　导入程序

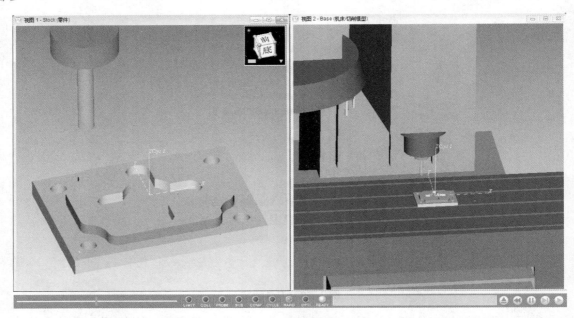

图 7-53　仿真加工

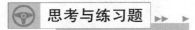 思考与练习题 ▶▶ ▶

1. 仿真加工技术在机械零件加工中的优势是什么？

2. 常用的仿真加工软件有哪些？

3. 采用 VERICUT 仿真加工软件仿真加工图 6-100 所示螺纹轴零件。

4. 采用 VERICUT 仿真加工软件仿真加工图 6-101 所示六方体凸台零件。

参 考 文 献

[1]李华志. 数控加工工艺与装备[M]. 北京：清华大学出版社，2010.

[2]王爱玲. 数控编程技术[M]. 北京：机械工业出版社，2013.

[3]张伟. 数控机床操作与编程实践教程[M]. 杭州：浙江大学出版社，2010.

[4]董建国，龙华，肖爱武. 数控编程与加工技术[M]. 北京：北京理工大学出版社，2019.

[5]徐衡. 跟我学西门子（SINUMERIK）数控系统手工编程[M]. 北京：化学工业出版社，2020.

[6]张定华. 数控加工手册：第3卷[M]. 北京：化学工业出版社，2013.

[7]蒋建强. 数控编程技术228例[M]. 北京：科学出版社，2007.

[8]程俊兰，赵先仲. 数控加工工艺与编程[M]. 2版. 北京：电子工业出版社，2015.

[9]冯小平. 数控机床编程与操作[M]. 2版. 北京：机械工业出版社，2013.

[10]王爱玲. 数控编程技术[M]. 2版. 北京：机械工业出版社，2012.

[11]沈春根，徐晓翔，刘义. 数控铣宏程序编程实例精讲[M]. 北京：机械工业出版社，2019.

[12]卢万强. 数控加工技术[M]. 2版. 北京：北京理工大学出版社，2019.

[13]昝华，陈伟华. SINUMERIK828D铣削操作与编程轻松进阶[M]. 2版. 北京：机械工业出版社，2020.

[14]苏源. 数控车床加工工艺与编程（西门子系统）[M]. 北京：机械工业出版社，2012.

[15]沈建峰，金玉峰. 数控编程200例[M]. 北京：中国电力出版社，2008.

[16]韩建海，胡东方. 数控技术及装备[M]. 3版. 武汉：华中科技大学出版社，2019.

[17]张琳. 宏程序在阵列孔数控加工编程中的应用[J]. 沙洲职业工学院学报，2018，21（03）：6-9.

[18]卢青. 正确理解并运用顺时针和逆时针圆弧插补指令[J]. 职业教育研究，2012（10）：131-134.

[19]逯晓琴，李海梅，申长雨. 数控机床编程技术[M]. 北京：机械工业出版社，2004.